江苏高校优势学科

江苏高校品牌专业建设工程项目(PPZY2015A063)

AN ILLUSTRATED MONOGRAPH
OF THE WINTERSWEET CULTIVARS

蜡梅品种图志

张若蕙 著

东南大学出版社

图书在版编目(CIP)数据

蜡梅品种图志 / 芦建国著. —南京：东南大学出版社，2018.12

ISBN 978-7-5641-8176-5

Ⅰ.①蜡… Ⅱ.①芦… Ⅲ.①蜡梅–品种志–中国–图集 Ⅳ.①S685.990.292-64

中国版本图书馆 CIP 数据核字(2018)第 279403 号

蜡梅品种图志

LAMEI PINZHONG TUZHI

著　　者	芦建国
出版发行	东南大学出版社
社　　址	南京市四牌楼 2 号　邮编：210096
出 版 人	江建中
责任编辑	朱震霞
网　　址	http://www.seupress.com
电子邮箱	press@seupress.com
经　　销	全国各地新华书店
印　　刷	江阴金马印刷有限公司
开　　本	787 mm×1 092 mm　1/16
印　　张	15
字　　数	350 千字
版　　次	2018 年 12 月第 1 版
印　　次	2018 年 12 月第 1 次印刷
书　　号	ISBN 978-7-5641-8176-5
定　　价	109.00 元

本社图书若有印装质量问题，请直接与营销部联系。电话：025-83791830

芦建国教授，1960 年 2 月出生于河北，1982 年毕业于北京林学院园林系，1982 年 7 月至今任职于南京林业大学，硕士研究生导师，从事园林专业的教学、科研及管理工作。担任南京林业大学园林研究所所长、南京旅游规划建设专业委员会委员、教育部高职高专教育林业类专业教学指导委员会生态环境类专业教学分指导委员会副主任、江苏省职业技能鉴定专家委员会委员、江苏省风景园林专业委员会委员、江苏省花卉协会插花艺术专业委员会委员。

主要研究方向为园林植物分类、园林植物栽培生理、园林植物造景、高速公路生态景观建设等，共指导硕士研究生近百名。主编《花卉学》《园林苗圃学》《园林花卉》《园林植物栽培学》《苗圃生产与管理》《种植设计》等多部教材，发表学术论文 40 多篇，其中蜡梅相关学术论文 10 余篇。先后主讲花卉学、园林植物栽培学、园林植物学、园林植物造景、现代园林科技发展等课程。研究成果获奖 13 项（国家级 1 项、省部级 4 项、校级 8 项）。从事蜡梅的基础理论和应用研究十余年，已基本形成蜡梅研究体系。

内容提要
Summary

　　蜡梅是我国传统的名贵观赏花木,是珍贵的冬季香花树种,有着广阔的开发和利用前景。本书是芦建国教授团队对于蜡梅的研究成果总结,主要内容包括:蜡梅种质资源及地理分布、蜡梅的栽培简史及文化内涵、蜡梅的生物学特性及生态习性、蜡梅繁殖及栽培管理、蜡梅的利用、蜡梅品种分类系统。

　　本书共记录蜡梅品种 153 个,每个品种均附有花朵的正面和侧面图,并进行详细的品种描述,以便于读者对相关品种的识别。本书是关于蜡梅研究的彩图版专著,可为高等院校和科研单位的相关教师、研究生和科研工作者提供参考。

前言

Preface

　　蜡梅[*Chimonanthus praecox*(L.)Link]起源古老，为第三纪孑遗植物。寒冬绽放，香气清远，园艺造型颇多，色、香、形俱佳，是理想的冬季观赏、具有香味的花木，也可做切花、桩景等，是中国特产花木和重要的传统名花。蜡梅不仅观赏价值较高，且具有很高的药用价值，花可酿酒、泡茶、入药、提取香精，根、茎、叶亦具止咳、活血药用。自古以来，人们就给予蜡梅极高的赞誉。目前在我国西安以东、北京以南广泛种植。国外种植应用比较少。

　　我国从宋代起便开始对蜡梅进行品种研究，直至现在，诸多专家学者对其品种分类进行了大量的研究，依据不同的分类标准，提出了各自的分类方法，但尚未有一个确定的分类标准，没有形成大家一致认可的分类系统，对相关学术交流造成了一定的阻碍。统一的品种分类系统，对准确认识品种，全面了解蜡梅的观赏特性、生态习性、生物学特性，以及栽培繁育、推广利用都有着十分重要的意义。蜡梅品种分类系统不完善的现状，促使我们全面、系统地调查研究蜡梅品种，为早日建立大家一致认可，客观、科学、实用的分类系统做好基础研究工作。

　　自1999年始，南京林业大学对蜡梅的品种分布和形态特征等进行了多年的细致调查研究，包括蜡梅种质资源调查、蜡梅品种分类、蜡梅品种的RAPD分析、基于蜡梅品种花粉粒电镜扫描特征的分类研究、蜡梅专类园的植物配置、基于ArcEngine的南京蜡梅品种数据库设计、蜡梅及蜡梅科植物繁殖栽培相关技术的研究，以及蜡梅研究发展趋势探讨等。

　　笔者基于连续多年在各地对蜡梅品种的考察及相关品种分类研究，结合品种起源、演化关系，及符合生产实践需求等原则，遵循"二元分类法"及《国际栽培植物命名法规》规则，提出以蜡梅内被片紫纹分布情况为分类标准的分类方法。以内被片紫纹分布情况作为划分蜡梅品种群的一级标准，其他性状作为次级分类标准，将蜡梅品种划分为3个品种群：素心蜡梅品种群(*Chimonanthus praecox* Concolor Group)、乔种蜡梅品种群(*Chimonanthus praecox* Intermedius Group)和红心蜡梅品种群(*Chimonanthus praecox* Patens Group)，并编制了蜡梅品种的分类检索表，希望能为确定蜡梅品种分类标准贡献绵薄之力。另外，我们详细整理了蜡梅种质资源及地理分布，并对蜡梅的栽培简史及文化内涵、生物及生态学特性、栽培管理及利用、蜡梅品种分类现状等进行了细致的论述，以此对蜡梅进行了较为全面的介绍，希望能为深入探索蜡梅的研究者提供更多信息。

　　本书由江苏高校优势学科与江苏高校品牌专业建设工程项目(PPZY2015A063)资助出版。由于编者水平有限，书中不妥之处，恳请各位专家、学者提出宝贵意见，共同将蜡梅品种分类系统做好、做全。

芦建国

2018年12月

目录
Catalogue

第1章 　蜡梅种质资源及地理分布 ································· 1
  1.1 　蜡梅科概况 ···································· 2
  1.2 　蜡梅的形态特征及地理分布 ····················· 3

第2章 　蜡梅的栽培简史及文化内涵 ····················· 5
  2.1 　蜡梅花名考 ···································· 6
  2.2 　我国蜡梅栽培简史 ····························· 6
  2.3 　我国古代蜡梅栽培品种 ·························· 8
  2.4 　蜡梅的文化内涵 ······························· 9
  2.5 　蜡梅盆景艺术 ································· 11
  2.6 　蜡梅插花艺术 ································· 14

第3章 　蜡梅的生物学特性及生态习性 ··················· 15
  3.1 　生物学特性 ··································· 16
  3.2 　生态习性 ····································· 17

第4章 　蜡梅繁殖与栽培管理 ·························· 25
  4.1 　种子繁殖 ····································· 26
  4.2 　营养繁殖 ····································· 29
  4.3 　栽培管理 ····································· 36

第5章 　蜡梅的利用 ································· 39
  5.1 　园林绿化 ····································· 40
  5.2 　盆栽观赏 ····································· 43
  5.3 　切花生产 ····································· 44
  5.4 　其他用途 ····································· 48

第6章 　蜡梅品种分类系统 ···························· 49
  6.1 　蜡梅品种分类研究回顾 ·························· 50
  6.2 　蜡梅品种分类研究方法 ·························· 52
  6.3 　蜡梅品种分类系统 ····························· 57

目录
Catalogue

第 7 章　蜡梅品种 ··· 59

　7.1　素心蜡梅品种群 ·· 67

　7.2　乔种蜡梅品种群 ·· 115

　7.3　红心蜡梅品种群 ·· 167

参考文献 ··· 223

蜡梅品种名索引 ·· 226

致谢 ··· 229

第1章　蜡梅种质资源及地理分布

　　蜡梅科(Calycanthaceae)植物产于及引栽于我国的有蜡梅属(*Chimonanthus* Lindley)和夏蜡梅属(*Sinocalycanthus* Cheng et S. Y. Chang)。美国蜡梅属(*Calycanthus* Linn.)分布于美洲北部,夏蜡梅属和蜡梅属分布于亚洲东部。

1.1 蜡梅科概况

蜡梅科的种类较少,在植物界是一个古老的小类群。由于蜡梅起源古老,又是著名的观赏植物和经济植物,故一向受到人们关注。自 20 世纪 60 年代以来,蜡梅科中的新属、新种陆续发表:60 年代夏蜡梅新种和夏蜡梅属发表;70 年代椅子树新种和椅子树属发表;80 年代蜡梅属中又有多个新种发表。到 90 年代以后,对蜡梅的研究进入了"百花齐放,百家争鸣"的阶段。学者们从不同角度阐述各自的观点,有的认为蜡梅科仅 2 属 7 种;有的认为蜡梅科有 4 属 10 种。总的来说,蜡梅科中属的划分问题在于椅子树属是否独立成科以及夏蜡梅属是否成立;种的划分问题主要集中在蜡梅属的种类区分。

张若蕙和刘洪谔(1998)将蜡梅科分为 3 属 9 种 2 变种,我国有 2 属 7 种 1 变种,引入栽培 2 种 1 变种。美国蜡梅属有 2 种 1 变种,即西美蜡梅 *Calycanthus occidentalis* Hook. et Arn.,美国蜡梅 *Calycanthus floridus* Linn. 及其变种光叶红蜡梅 *Calycanthus floridus* Linn. var. *oblongiflolius* (Nutt.)D. E. Bouford et Spongberg。夏蜡梅属仅有 1 种,即夏蜡梅 *Sinocalycanthus chinensis* Cheng et S. Y. Chang;蜡梅属有 6 种 1 变种,即蜡梅 *Chimonanthus praecox* (L.) Link.,柳叶蜡梅 *Chimonanthus salicifolius* S. Y. Hu,山蜡梅 *Chimonanthus nitens* Oliv.,浙江蜡梅 *Chimonanthus zhejiangensis* M. C. Liu,突托蜡梅 *Chimonanthus grammatus* M. C. Liu,西南蜡梅 *Chimonanthus campanulatus* R. H. Chang et C. S. Ding 及其变种贵州蜡梅 *Chimonanthus campanulatus* R. H. Chang et C. S. Ding var. *guizhouensis* R. H. Chang。

美国蜡梅

夏蜡梅的果托

夏蜡梅

蜡梅的瘦果

1.2 蜡梅的形态特征及地理分布

1.2.1 形态特征

落叶灌木或小乔木,高达4m,叶在冬季有时宿存于树上不脱落。幼枝四方形,老枝近圆柱形,灰褐色,无毛或有疏毛,有皮孔;鳞芽外被短柔毛。叶纸质,卵圆形,椭圆形至卵状披针形,长 2～18 cm,宽 2.0～2.8 cm,先端渐尖或急尖,基部楔形、宽楔形或圆形,近全缘,上面有细蛛网状毛,后脱落,粗糙,下面绿色,脉上疏生硬毛;叶柄长 3～10 cm,密被白色长毛。花单生叶腋,开于叶前,芳香,直径 1.5～2.5 cm。花被片 15～16,黄色,无毛,有光泽,外部花被片长圆形、倒卵形或椭圆形,长 5～20 mm,宽 5～15 mm,内部花被片小,先端钝,基部有爪。能育雄蕊 5～6,有的可有 7～8 个能育雄蕊,花丝比花药长或与花药等长,药隔顶端短尖;退化雄蕊 10～15,线状披针形,长约 3 mm,白色有柔毛。单雌蕊 5～15,基部被疏硬毛,花柱长达子房 3 倍,基部被毛。成熟的果托近木质,坛状、长圆状椭圆形,长 2.0～5.5 cm,直径 1.0～2.5 cm,口部通常收缩,外被黄褐色柔毛。瘦果长圆形,长 1.0～1.3 cm,直径 5～7 mm,两侧各有 1 条突起纵脊,暗褐色,两侧有毛,果脐匙形或条形。花期 11 月至翌年 2—3 月,果期 6—7 月。

1.2.2 地理分布

蜡梅原产我国中部山区,湖北保康、四川巫山、湖南石竹等地均有大面积分布。因其适应性很强,在我国热带、亚热带和暖温带三个气候带的区域内均有栽培和天然分布。北起北京以南,南至广东的广州、广西的临桂以北,东起上海市,西至云南昆明、大理、丽江,这个范围内的地区都有栽培。其中以长江流域种类最为丰富。喜生于暖温带、亚热带湿润的常绿落叶阔叶混交林和常绿阔叶林地带。

蜡梅野生分布区(●)和栽培范围(一)

(张若蕙,刘洪谔. 世界蜡梅[M].北京:中国科学技术出版社,1998.)

第2章　蜡梅的栽培简史及文化内涵

　　蜡梅在我国栽培起源于北魏时期,唐代杜牧有七言散句:腊梅迟见二年花,"腊梅"即蜡梅,可见在一千多年前,我国已栽培蜡梅并将其作为观赏花木了。蜡梅风姿独特,不仅为历代宫廷权贵所爱,也是诗人的钟情之物,为我国历代诗人、文学家赞咏,形成了丰富的文化内涵。

2.1　蜡梅花名考

宋代以前,蜡梅与梅花相混淆,误以蜡梅与梅花同类。到北宋时期文学家黄庭坚才将蜡梅的特征作了描述。《广群芳谱》引王世懋《学圃余疏》(即《学圃杂疏》)云,考蜡梅原名黄梅,故王安国熙宁间尚咏黄梅,至元祐间苏、黄命为蜡梅。《永乐大典残卷》卷之二千八百十一引王十朋《梅溪集》云蜡梅"一经坡谷眼,名字压君葩。"由此可见,蜡梅是在北宋年间由黄庭坚和苏轼命名的,从此人们才把蜡梅与梅花区别开来。

那么,黄庭坚和苏轼是根据什么给蜡梅命名的呢?《广群芳谱》云:"蜡梅,一名黄梅花。"引黄庭坚《诗序》(即《山谷内集诗注》)云:"香气似梅,类女工捻蜡所成,京洛人因谓蜡梅。"引范成大《梅谱》(即《范村梅谱》)云,本非梅类,以其与梅同时,而香又相近,色酷似蜜脾,故名蜡梅。"引王世懋《学圃余疏》(即《学圃杂疏》)云:"考蜡梅原名黄梅,……人言腊时开,故名腊梅,非也,为色正似黄蜡耳。"范成大在《范村梅谱》中也说,蜡梅不是梅,只是因为开花时间及其香气与梅相近,颜色酷似蜜脾,所以称为"蜡梅"。王世懋的《学圃杂疏》认为,经考证,蜡梅原名黄梅,……人们认为是因为腊月开花的缘故,所以命名为腊梅。其实不是的,称为"蜡梅"是因为其花的颜色像黄蜡的缘故。李时珍的《本草纲目》也认为:"蜡梅释名黄梅花,此物非梅类,因其与梅同时,香又相近,色似蜂蜡,故得此名。"从以上的论证可以看出,蜡梅之所以称为"蜡梅",是因为蜡梅花的颜色黄如蜡,而不是因为腊月开花的缘故。由此可见,称蜡梅为"腊梅"是不确切的。

2.2　我国蜡梅栽培简史

蜡梅原产我国中部山区,湖北保康,四川万源、达州、巫山,湖南石竹均有大面积分布。因其适应性很强,在我国热带、亚热带和暖温带三个气候带的区域内,均有栽培和天然分布,并逐渐东移到上海、苏州,北迁山东泰安等地。如今大江南北均栽有蜡梅,其中苏、浙、鄂、豫、皖、陕、川、沪等省市是我国蜡梅的主要栽培地区。蜡梅也曾传入日本、朝鲜等少数邻国,在西方也有栽培,但数量不多。

蜡梅的树龄可达数百甚至近千年,在江苏和上海都曾发现过多株明清时期栽植的古蜡梅,有的目前仍生长健壮。在北京香山卧佛寺内三世殿前有一株古蜡梅树,相传已有一千三百多年的历史,为北京蜡梅之冠。这株蜡梅高 2～3 m,百年前曾经枯萎,后因根部未死,又长出新枝条来,至今花繁叶茂。杭州灵峰掬月亭西坡,也存有六丛百年以上之蜡梅,花繁香幽,至今不衰,花期长达四月有余。

蜡梅栽培历史最为悠久的要数有"花县"之称的河南鄢陵县,至今已有千年。鄢陵自古以来就以盛产名贵蜡梅品种而载誉国内,在清康熙年间有"鄢陵蜡梅冠天下"的盛誉。明清之际韩程愈在《叙花》中记述"蜡梅一种,唯鄢陵著名,四方诸君子,购求无虚日,土人皆为累。"

我国蜡梅栽培史,大致可分为以下几个时期。

2.2.1　南北朝时期:蜡梅栽培起始期

蜡梅的栽培起始期可考证到北魏时期。清顺治《鄢陵县志》云:"鄢陵蜡梅不知有自何时……,承平时鄢为独胜……"之后的诸多文献均讲述蜡梅在"承平"时"鄢独胜"。据张彦甫考证,历史上有两个帝王年号谓"承平",均为南北朝时期。一是后北凉沮渠无讳承平元年至沮渠安周承平十八年(公元443—460年),建都高昌,后北凉属地不在中原,后被柔然所灭。二是北魏拓跋余承平元年,即公元452年。据范文澜《中国通史简编》记:拓跋氏进入北方先据大同,后徙洛阳。"公元423年,魏夺得司州(治洛阳)全部……豫州的大部分。魏在黄河以南取得许多州镇……"直到公元452年(承平元年)北魏文成帝继位,其间29年正是南北朝相峙对立时期,战争频频,兵祸连逢,兵祸涉猎鄢陵在所难免。所以,清顺治《鄢陵县志》记:"兵乱之际,花园无主,士人皆摧折为薪……"。若以"承平时"佐证鄢人种蜡梅,距今已有1 500多年的历史了。

2.2.2　唐宋时期:蜡梅栽培普遍期

唐代以前,由于蜡梅与梅花花期较近,又均先叶开花,常被民众混为一谈。到宋代,已明确蜡梅与梅花为不同种。北宋黄庭坚在《山谷内集诗注》中将蜡梅与梅花作了区别:"京洛间有一种花,香气似梅花,亦五出,而不能晶明,类女功捻蜡所成,京洛人因谓蜡梅"。

北宋年间,建都汴京,鄢陵便成了京畿之地,成为南来北往的交通要道。据记载,当时朝野上下大兴辟园筑圃之风,达官显贵、乡绅富豪纷纷在鄢陵建圃修苑,需用大批花卉苗木,于是一大批专以养花木为生的农户便应运而生,形成了辐射四周、方圆数十里的花卉栽培区。江陵诗人曹汴路过此地时,曾发出"一入鄢陵望眼迷"的赞叹。鄢陵所产花木品种繁多,以蜡梅声誉最高。当时的花农已经能够运用嫁接等技术培育出优良品种,并大量向京都(开封)销售。

南宋时期,浙西、浙东、苏南等地蜡梅栽培日益增多。淳熙十三年,即公元1186年,范成大《范村梅谱》中首次记载了蜡梅栽培的品种:"本非梅类,以其与梅同时,香又相近,色酷似蜜脾,故名蜡梅。凡三种,以子种出,不经接,花小香淡,其品最下,俗谓之狗蝇梅。经接,花疏,虽盛开,花常半含,名磬口梅,言似僧磬之口也。最先开,色深,黄如紫檀。花密香浓,名檀香梅,此品最佳。蜡梅,香极清芳,殆过梅香,初不以形状贵也。"《咸淳临安志》提出蜡梅有数品,以'檀心''磬口'为佳。品种是人工栽培的产物,只有在蜡梅被广泛了解并普遍栽培时,人们才会去关注栽培品种。由此可见,唐宋时期的蜡梅栽培已很普遍了。

2.2.3　明清时期:蜡梅栽培昌盛期

到了明清时期,人们对于蜡梅的认识就更加清楚了。李时珍的《本草纲目》(1578年)记载:"蜡梅,释名黄梅花,此物非梅类,因其与梅同时,香又相近,色似蜜蜡,故此得名"。明代的许多文献记载并描述了蜡梅的特征及培育出的品种。李时珍在《本草纲目》将蜡梅分为三种:"以子种出不经接者,腊月开小花而香淡,名狗蝇梅;经接而花疏,开时含口者,名磬口梅;花密而香浓,色深黄如紫檀者,名檀香梅,最佳。"王世懋《学圃杂疏·花疏》云"出自河南者曰磬口,香、色、形皆第一"。清代蜡梅栽培有了新的发展,尤其华北一带的蜡梅栽培较为昌盛,流传着"鄢陵蜡梅冠天下"一说。据《鄢署杂钞》中记载:"鄢陵素心蜡梅,其色淡黄,其心洁白,高仅尺许,老干疏枝,花香芬馥……"张彦甫《鄢陵花卉大事记》记载:"清代,刑部尚书王士禛咏蜡悔诗云:林下风姿世外妆,乌丸离距写宫黄。华清不按霓裳舞,输于张裴小檀场。王士禛自注:鄢陵蜡梅以裴氏、张氏为冠,每岁辇至京师,有一株至白金一锾者(锾,古衡量名,一锾等于约200 g)。王士禛《寄梁日缉》(梁熙,字日缉)诗曰:梅开腊月一杯酒又自注云:

7

鄢陵蜡梅冠天下。"鄢陵作为蜡梅之乡,在当地流传着许多传说,有"鄢陵黄梅冠天下""天下第一花"之称,可见此时蜡梅的栽培盛况。

2.2.4 近现代:蜡梅栽培发展期

近现代蜡梅事业有了长足的发展,尤其1985年以来是对于蜡梅科植物研究最为活跃的时期,从形态分类、种质资源的研究,到蜡梅化学成分、细胞学的研究均有涉及,研究范围的宽度与深度都有很大发展。此时有关蜡梅的文艺创作也繁荣发展,例如出现了诸多精彩纷呈的蜡梅绘画艺术作品。

2.3　我国古代蜡梅栽培品种

蜡梅适应性广,栽培地域广泛,同时易受地理、气候、土壤等环境条件的影响而发生变异,形成新的品种,因而蜡梅自古便品种丰富。经初步统计,我国古代的蜡梅栽培品种见下表。

蜡梅历史品种简表

时期	栽培状况	品种
宋代	栽培普遍期	'磬口'蜡梅(磬口梅)、'檀香'蜡梅(檀香梅、檀花)、'狗牙'蜡梅(九英梅、狗蝇梅、狗蝇花)、'玉蕊'蜡梅
元代	栽培始盛期	'紫花'蜡梅(紫花梅)及宋代蜡梅历史品种
明代	栽培昌盛期	'虎蹄'蜡梅(虎蹄梅)、'素心'蜡梅(素梅、素心金莲、怀素蜡梅)、'伏村'蜡梅、'张坊'蜡梅、'老苏'蜡梅(老苏梅、苏梅)、'胜府'蜡梅(胜府梅)、'任家'蜡梅(任家梅)、'嘉靖府'蜡梅、'萧家山'蜡梅、'石后'蜡梅、'金莲花'蜡梅、'金桃花'蜡梅、'荷花'蜡梅,以及宋代以来蜡梅历史品种
清代	栽培发展期	'鄢陵素心'蜡梅及宋代以来蜡梅历史品种

2.4　蜡梅的文化内涵

蜡梅独特的风姿,特有的韵味,不仅为历代宫廷权贵所爱,也是诗人的钟情之物,为我国历代诗人、文学家赞咏,因而产生了丰富的蜡梅花文化。

2.4.1　蜡梅品评

（1）十八学士

十八学士本指唐朝时的十八位人才,后来有人用"十八学士"来喻指十八种主要的盆景用材。闻铭、周武忠、高永青主编《中国花文化辞典》记载:"清嘉庆年间五溪苏灵著有《盆景偶录》二卷,书中以叙树桩盆景为多,把梅、桃、虎刺、吉庆、枸杞、杜鹃、翠柏、木瓜、蜡梅、天竹、山茶、罗汉松、西府海棠、凤尾竹、紫薇、石榴、六月雪、栀子花称为'十八学士'。"

（2）十二花师

闻铭、周武忠、高永青主编的《中国花文化辞典》记载:"《镜花缘》中,记有牡丹、兰花、梅花、菊花、桂花、莲花、芍药、海棠、水仙、蜡梅、杜鹃、玉兰等 12 种花,因其古香自异,国色无双,品列上等,其开花时,态浓意远,骨重香严,每觉肃然起敬,因而不啻事之如师尊。"

（3）十二月花神

闻铭、周武忠、高永青主编的《中国花文化辞典》记载:"清·俞樾《十二月花神议》载,十二花神,正月梅花:何逊,二月兰花:屈原,三月桃花:刘晨、阮肇,四月牡丹花:李白,五月榴花:孔绍安,六月莲花:王俭,七月鸡冠花:陈后主,八月桂花:郗诜,九月菊花:陶渊明,十月芙蓉花:石曼卿,十一月山茶花:汤若士,十二月蜡梅花:苏东坡、黄庭坚。原议允协。蜡梅本名黄梅,其改今名,由苏黄始也。总领群花者为迦叶尊者。"

（4）雪中四友

清朝宫梦仁编著的《读书纪数略》记载:"雪中四友:玉梅、腊梅、水仙、山茶。"闻铭、周武忠、高永青主编的《中国花文化辞典》记载"雪中四友"为"隆冬季节同时开放的白梅、腊梅、山茶、水仙等四种著名花卉。"

（5）中国十大香花

闻铭、周武忠、高永青主编的《中国花文化辞典》记载:"在我国栽培很广的桂花、兰花、珠兰、米兰、荷花、梅花、水仙、腊梅、玫瑰、栀子花为我国传统的十大香花。"

（6）岁寒二友

闻铭、周武忠、高永青主编的《中国花文化辞典》记载:"岁寒二友为近代著名盆景艺术家周瘦鹃提倡。他认为:松竹终年常绿,而岁寒时梅花尚未开放,似乎不能结为'岁寒三友'。倒是蜡梅恰在岁首冲寒怒放,而天竹早就结红籽等待结伴度严寒,称其'岁寒二友'不误矣!"

（7）杂花八十二品

北宋年间周师厚在《洛阳花木记》中记载:"杂花,八十二品:瑞香(紫色,本出庐山,宜阴翳延)、……腊梅(黄千叶)、紫梅(千叶)、雪香(千叶)、……"。

2.4.2　蜡梅寓意

（1）春之始者

若要问百花中谁占春魁，那无疑是"破腊惊春意""一枝春已多"的蜡梅。每到腊月，蜡梅就吐露芬芳，寒风中蜡梅一枝独秀，给萧条的冬天带来了无限生机。"冬天来了，春天还会远吗？"

（2）操节高洁

蜡梅古来一向被推崇为"以韵胜，以格高"，因其在一年中最寒冷的季节傲然怒放，不畏严寒，且花色黄而不俗，还有纯而不浊的香气，"一味真香清且绝"，具有君子操守。

（3）喜庆象征

蜡梅绽放时期正值春节期间，古时人们每逢蜡梅怒放时均爱折蜡梅插于瓶中，摆放在厅堂内进行点缀。一枝蜡梅，满室生香，为春节增添了许多喜庆气氛。

（4）真情见证

古时的鄢陵有送蜡梅花定情的习俗。蜡梅具有清高脱俗的品格，数九寒天、冰天雪地，蜡梅却"枝横碧玉天然瘦，蕊破黄金分外香"，男女青年选它为定情之物，希冀真情如蜡梅般凌寒傲雪、不屈不挠。

2.4.3　蜡梅诗词

历代诗人对于蜡梅的吟咏主要表现其花香、花色、风貌和风骨。

（1）蜡梅花香

蜡梅以花香著称。其香浓而不浊，令人久闻不厌；并且香味持续时间长，因而被誉为"真香"。历代吟咏蜡梅香味的诗句主要如下：

寒柳翠添微雨重，腊梅香绽细枝多。（唐·薛逢《奉和仆射相公送东川李支使归使府夏侯相公》）

中有万斛香，与君细细输。（宋·陈与义《蜡梅四绝句》其一）

一花香十里，更值满枝开。（宋·陈与义《同家弟赋蜡梅诗得四绝句》其四）

香清还耐久，粲粲镂金葩。（宋·方蒙仲《黄香梅》）

层层玉叶黄金蕊，漏泄天香与世人。（宋·韩维《和提刑千叶梅》）

东皇为作阳春倡，压倒千花万卉香。（宋·何澹《和圣制蜡梅二首》其一）

体薰山麝脐，色染蔷薇露。披拂不满襟，时有暗香度。（宋·黄庭坚《戏咏蜡梅二首》其二）

小园烟景正凄迷，阵阵寒香压麝脐。（宋·林逋《梅花》）

莫讶行人数回首，西风十里送香来。（宋·林季仲《富季申赋梅次韵四首》其一）

试问清芳谁第一，蜡梅花冠百花香。（宋·潘良贵《蜡梅三绝》其二）

天下三春无正色，人间一味有真香。（宋·舒坦《和王尉早梅二首》其二）

懒着霓裳贪野服，自然仙骨有天香。（宋·唐仲友《蜡梅》）

一枝蜡花梅，清香美无度。（宋·王之道《追鲁直蜡梅二首》其一）

涂黄不学汉宫妆，一点檀心万斛香。（宋·杨冠卿《蜡梅四绝》其三）

道帝方讶扑人香，金蓓花开满担装。（宋·张镃《种蜡梅喜成》）

融成蜂蜡千葩秀,散作龙涎几阵香。(宋·周端臣《次韵勿斋蜡梅》)

水鸟飞来还径去,黄梅香远最难忘。(清·严复《怀阳岐》)

（2）蜡梅花色

蜡梅花中被片以黄色为主,内被片有些有紫纹或紫晕。

何处拂胸资蝶粉,几时涂额藉蜂黄。(唐·李商隐《酬崔八早梅有赠兼示之作》)

破苍如凝蜡,粘枝似滴酥。恍疑菩萨面,初以粉金涂。(宋·白玉蟾《蜡梅》)

恐是凝酥染得黄,月中清露滴来香。(宋·晁补之《谢王立之送蜡梅五首》其二)

化工却取蜂房蜡,剪出寒梢色正黄。(宋·陈棣《蜡梅三绝》其一)

新妆未肯随时改,犹是当年汉额黄。(宋·陈棣《蜡梅三绝》其二)

智琼额黄且勿夸,回眼视此风前范。(宋·陈与义《蜡梅》)

花房小如许,铜剪黄金涂。(宋·陈与义《蜡梅四绝句》其一)

应怜雪里昭君怨,洗尽铅华试佛妆。(宋·韩元吉《蜡梅二首》其一)

晴日烘开小蜜房,紫檀心里认蜂黄。(宋·何应龙《腊梅》)

闻君寺后野梅发,香蜜染成宫样黄。(宋·黄庭坚《从张仲谋乞蜡梅》)

（3）蜡梅风貌

蜡梅的整体风貌也很值得人称道。

故里琴樽侣,相逢近腊梅。(唐·崔道融《江上逢故人》)

越嶂远分丁字水,腊梅迟见二年花。(唐·杜牧《正初奉酬歙州刺史邢群》)

芳菲意浅姿容淡,忆得素儿如此梅。(宋·晁补之《谢王立之送蜡梅五首》其五)

黄香从何来,谁为东风主。(宋·仇远《小斋四花·蜡梅》)

（4）蜡梅风骨

蜡梅傲霜斗雪,气骨不凡,品格奇高,成为历史上很多文人托物言志的对象。

留得和羹滋味在,任他风雪苦相欺。(唐·李九龄《寒梅词》)

造物无穷巧,寒芳品更殊。……若论风韵别,桃李亦为奴。(宋·蔡沈《蜡梅》)

林下虽无倾国艳,枝头疑有返魂香。(宋·陈棣《蜡梅三绝》其二)

一花香十里,更值满枝开。承恩不在貌,谁敢斗香来。(宋·陈与义《同家弟赋蜡梅诗得四绝句》其四)

2.5 蜡梅盆景艺术

盆景起源于中国,是中国艺术的独特写照。中国盆景究竟起源于何时,盆景界的看法尚不统一。根据《盆景学》作者彭春生的观点,盆景起源于7000年前的新石器时期。一般认为,盆景艺术真正形成于唐代初期。"盆景"一词最早出现于宋代,到了明代,记载盆景一词的文献资料多处可见。明代王鏊《姑苏志》卷十三中有如下的记载:"虎丘人善于盆中植奇花异卉,盘松古梅,置之几案间,清雅可爱,谓之盆景。"该文献中不仅出现了盆景一词,而且对盆景进行描述。历史上盆景曾称为"盆玩""盆树""些子景"等。明代屠隆《考槃余事·盆玩笺》中写道:"盆景以几案可置者为佳,其次则列之庭榭中物也"。明代文震亨《长物志·盆玩》中记述道:"盆玩时尚,以列几案间为第一,列庭榭中者次之,余持论则反是。"明代周文华《汝南圃史》中记载:"或植盆树,将炭屑及瓦片浸粪窖中,经月取出,以为铺盆用。"清代刘銮

《五石瓠·盆景》中记载："今人以盆盎间树石为玩,长者屈而短之,大者削而约之,或肤寸而结果实,或咫尺而蓄虫鱼,概称盆景,想亦始自平泉、艮岳矣。元人谓之些子景"。

蜡梅盆景是中原盆景的一个重要组成部分,其形成于何时不详,明代时已自成体系。清代汪为熹盛赞:鄢陵蜡梅盆景"高仅尺许,老干疏枝,花香芬馥,置之书几之旁,雅致韵人"。由于蜡梅盆景造型独奇,培育困难,在盆景家族中属少数,因而有"十年育一盆,一盆吃十年"的说法。

蜡梅盆景可分 3 类,一是盆栽盆景,二是造型盆景,三是古桩盆景。

2.5.1 盆栽盆景

盆栽盆景是利用当年嫁接成活的蜡梅,经简单造型后出圃装盆。根据司晓辉《鄢陵蜡梅与蜡梅文化》记载和实地调研,这种盆景的培育方法主要有 3 种:一种是在苗圃里对当年嫁接成活的蜡梅进行简单造型和管理,使其形成较圆满的树冠,保证其至少有五六个枝条和 30 个以上的花蕾。立冬后,花蕾含苞待放时将植株从花圃中移入盆中,当作商品销售。此种方法较为简单,移栽时不需特别配制盆土,也无须特殊管理。第二种方法,春季对蜡梅采用高压套盆法繁殖培育,到初冬时将已经生根成活的蜡梅枝条在根部剪下后装盆。装盆前应根据蜡梅的生长特点配制适合其生长的盆土,植株剪下后应立即装盆,并将盆土压实。而后浇透腐熟水肥,待其花蕾初放即可出售。第三种方法,春季移栽时就将蜡梅实生苗装入盆中,放入大棚中培育。待其成活后进行嫁接,加强管理,进行适当造型。由于盆小,其水量、盆土肥力有一定局限,所以要特别注意喷水、施肥和病虫害防治。待秋后树形树冠成型后即可出售。从整体上说,盆栽蜡梅盆景的特点是培育简单,速度快捷,价格便宜,适合普通居民的消费和欣赏。

2.5.2 造型盆景

造型蜡梅盆景是指根据一定的主题,将蜡梅树枝应用刀刻扭曲、绑扎捏型等人工造型方法进行加工,使树冠形成一定的艺术形状。根据司晓辉《鄢陵蜡梅与蜡梅文化》记载和实地调研,蜡梅盆景造型的方法主要有 3 种。

① 绑扎捏型:先将蜡梅实生苗装盆培育,然后进行嫁接。嫁接成活后,根据造型需要进行打尖,留足枝条。待新生枝半木质化、长到 30 cm 以上时,选用具有一定硬度的铁丝将半木质化枝条缠绕造型。铁丝缠绕的螺旋度可根据需要而定。缠绕后将铁丝连枝条一起扭成所需形状。之后每隔一定时间待枝条再长长后,用同样的方法继续处理。为了配合造型,可用竹签等物将几个枝条上的叶片别在一起,起拉牵作用。捏型时,要使枝头向下,并注意填补空档,适当打尖。基本定型后要注意加强管理,主要是进行修剪整形。待蜡梅枝条完全木质化、不可再恢复原状时,将铁丝拆除。这样每年绑捏整理几次,连续 2~3 年即可形成绑捏造型盆景。

② 斜拉法造型:当蜡梅枝条木质化程度较高时,枝条开始变硬发脆,再用绑扎捏型已经难以操作,且操作不当还会损伤枝条,甚至有可能把嫁接部位捏断,延误培育时间。因此,当最佳绑扎捏型期过后,可用斜拉式造型法造型。为使树冠在某一方向或部位树形美观,且这一部位又因原始枝少造成一定空当或缺陷时,便可用细铁丝或细绳将邻近或方便牵引的枝条拉过来补缺。造型时要使这个枝条达到一定的斜度,其角度根据需要而定。拉丝(或拉

线)要保持一定的时间,待枝条和树冠定型后方可去掉。

③ 动刀法造型:动刀造型是鄢陵花农的独创,已有几百年的历史。动刀的方法可分为两种,一种叫"滚刀法",这种方法可使蜡梅主枝螺旋上升,又可防止主枝折断,便于处理。其原理是每 3 刀绕成一个圈,越向上,各刀之间的距离逐渐缩短。另一种叫"龙刀法",这种方法可使枝条处在一个平面上。操作时在枝干相对的两边各刻 1～2 刀;刀刻树干时,刀口应由上向中心倾斜切入下方,深度约达树干直径的 2/3,根据弯曲的角度而定,然后轻轻将枝干弯折,注意不能折断,巧妙地利用切口处的木质尖部顶住,使之不会恢复原状,并用一主杆扶住,用麻绳缚好;最后,把枝条顶梢全部捏成朝下状,使树冠形成所需要的形状,既美观又控制了树形。待弯折形成后,为了防止太阳暴晒造成脱水或雨水浸蚀造成腐烂,切口处要涂上一层泥,在一个月之内要不停涂泥,直到满一个月。之后如有新枝萌生,还可在未木质化时进行捏型。

造型盆景的特点是树形奇特,生动逼真,美观新奇,但因其劳力费时,成本较高,销售价格也较昂贵。

2.5.3 古桩盆景

在中国花卉盆景世界里,蜡梅古桩盆景可谓是一枝独秀,其形成的历史源远流长,造型艺术独特。河南农业大学的赵天榜教授所著的《中国蜡梅》一书,总结了蜡梅盆景造型的经验。蜡梅古桩盆景多采用野生的疙瘩蜡梅古桩经造型形成。古桩盆景造型过程具体如下。

① 古桩选择:首先认真挑选自然形成的各种各样的野生蜡梅根桩,选好后根据相应的蜡梅古桩进行造型构思,初步确定选定蜡梅古桩的造型方向。

② 古桩培养:根据大致的造型方向,剪去根桩上影响整个盆景造型的多余部分,然后埋入土内加以培养。埋入土中时的放置形式要根据具体的造型构思确定,并进行适当堆土,为以后的露根做准备。

古桩埋入土中后,要加强管理,使其成活。待古桩成活后,可进行枝、干的修剪和造型以及嫁接,并同时进行悬根、露根培养和移栽。"蜡梅野生古桩挖掘运回后,经过整修,移栽在圃堤内进行养苗、培根,并逐步采用盘、扎、伤、蚀等造型技术整形修剪,经 3～5 年后,可培养出疣桩、粗干、疏枝、千奇百怪、苍劲多姿的古桩盆景。"

③ 桩景造型:蜡梅古桩造型"要求苍劲古雅,变化多姿,……一般可作直、曲、斜、卧、悬、突等处理。"蜡梅枝态造型应遵循"以疏为贵,密则无态"的原则;应根据蜡梅古桩的大小,选留 3～5 枝形态较好的枝条进行造型。根据赵天榜教授实地调查,蜡梅桩景主要有以下一些形式:直立式、曲干式、卧干式、斜干式、悬干式、屏扇式、多身式、锥形式、疙瘩式、悬枝式。成功的蜡梅古桩盆景造型应达到"小巧玲珑、古朴清秀、苍劲挺拔、千姿百态、构图精巧、造型优美、以形传神、结构严谨、色香俱佳、引人入胜"。

④ 桩景题名:题名是盆景创作的重要环节,是盆景外在造型与内涵的高度概括。

⑤ 景盆与花架选择:一盆理想的盆景,必须要有合适的景盆和花架衬托,才能展示出其景意,增强其观赏效果。可根据景桩的大小,选择大小、深浅、形状、色彩等适当的工艺盆,使蜡梅桩景艺术性和实用性兼备。选盆要与蜡梅景桩相称,才能使盆景整体造型更加完美。蜡梅桩景的花架衬托也很重要。大型桩景常置于庭院内的石凳、假山石上或根雕制成的花架上。花架形状各异,应根据景盆不同而选用不同的花架。总之,一件好的蜡梅盆景,桩、

盆、架三者的选择要协调,既要突出盆景独特美,又显示整体美,使人乐在其中,得到无穷的享受。

2.6 蜡梅插花艺术

蜡梅插花同其他插花艺术一样,走过了漫长的发展道路,据文字记载,早在汉代之前已形成了比较完整的体系,只是流传的文字资料较少,口头流传也因地域不同而各有差异。汉代前有一枝梅、一枝春、一剪梅之说;到了宋代,鄢陵花农每年都将大量的蜡梅切花运到京都开封销售,这种做法一直延续到清末民初。也有相关的插花专著提到蜡梅插花,如《瓶史》一书中,就有多处蜡梅作为切花及插花的记载。《瓶史·花目》记载:"余于诸花,取其近而易致者:入春为梅,为海棠;夏为牡丹,为芍药,为石榴;秋为木樨,为莲、菊;冬为蜡梅"等。

根据司晓辉《鄢陵蜡梅与蜡梅文化》记载和实地调研,蜡梅插花主要表现为三种形式。

① 单插:单插是指选择有一定形态的花枝或花朵较密的蜡梅枝条,插入相应的器皿用以观赏的一种插花方式。由于蜡梅枝条花朵密集且枝条较长,插入瓶中较为质朴直观。采用这种插花方式时多须配置相映成趣的花瓶、钵、盆、盏等容器。

② 束插(多枝插花):束插是指将采切下来的数枝或数十枝蜡梅花枝集在一起,插入容器内进行观赏的一种方式。这种插花方式一定要注意枝条的摆放方式。束插花朵集中,朴实浑厚,香味浓郁,自然观赏性强,但艺术性较差。

③ 配插:配插是指选用其他一些花材与蜡梅组配,共同构成插花的一种方式。主要的蜡梅配插花材有南天竹、水仙、竹等。如《瓶史·使令》记载:"蜡梅以水仙为婢",即蜡梅则以水仙为陪衬。近年来,随着社会发展和生产技术进步,冬季花卉大量涌现,蜡梅配插花材有所增多,如蝴蝶兰、大花蕙兰、百合等,但选用时要注意不宜选颜色过于艳丽俗气的,应以素淡颜色花材为主。

第3章　蜡梅的生物学特性及生态习性

蜡梅在我国分布很广,具有良好的生态适应性。

蜡梅属于浅根系植物,侧根发达,基部萌蘖能力强;枝条可分为基部萌蘖枝和树冠的生长枝及开花枝。花朵着生于叶腋,两性花,花期11月至翌年3月。

蜡梅性喜阳光,能耐阴,耐旱、怕涝,故不宜在低洼地栽培。蜡梅对土壤具有较强的适应能力,在多种土壤中均能正常生长和良好发育。

3.1 生物学特性

3.1.1 根系生长

蜡梅根系的生长发育特点是：主根浅，侧根发达，属于浅根系植物。蜡梅主要根系分布在 20～50 cm 深的土层内，侧根非常发达，从地表开始，有数个粗大的侧根，呈近似斜伸状分布于土壤有效土层内，其根幅一般达 1～2 m；在土壤肥沃、湿润、疏松的条件下，根幅可达 5 m 以上。蜡梅树桩在近地面处具有很强的萌蘖再生能力，常萌生很多蘖枝。

3.1.2 枝叶生长

蜡梅成枝均为腋芽、根颈处或老枝枝痕周围萌发不定芽形成。没有形成花蕾的枝条或形成很少花蕾的壮枝及萌枝称发育枝，也叫叶枝；枝条上腋芽多数发育成花蕾的枝称为花枝。蜡梅花枝通常有二次生长的特点，即分为春梢和夏秋梢两部分；夏秋梢的花芽数明显多于春梢。

3.1.3 开花结实

蜡梅在落叶后开花，花朵着生于一年生枝之叶腋。两性花，雄蕊 5～7，偶有 10 枚者；心皮多数，分离。成熟时花托发育成蒴果状，口部收缩，内含瘦果。在南京，花芽从 6 月初开始出现，除徒长枝外，当年生枝大多能孕育花芽。初花期因品种不同及地区差异从 11 月中旬至次年 1 月中旬不一，大多数品种盛花期集中在 12 月下旬至翌年 2 月，3 月中旬全部品种花期结束。

气温对蜡梅的开花结实具有明显影响，蜡梅开花期间遭寒流袭击，花蕾与花朵受到严重损害，不能正常授粉，结果少形成"小年"现象。在南京地区，由于冬季气温通常不至于过低，蜡梅花朵数量多，虽少数花朵结实，但全树形成的果实仍然很多，所以"大小年"现象不及北方明显。

3.1.4 物候期

（1）花芽膨大期

蜡梅花芽膨大期主要表现为花芽绽开，即外部花被片之间开始微有分离，露出浅黄色部分。该期出现早晚，因蜡梅品种不同而异。如'早黄'，花芽多从 11 月上旬开始膨大；晚花蜡梅花芽膨大期始于 2 月下旬。花芽膨大期长短因当时气温条件而定，气温高，花芽膨大期早而短；反之则晚而长。一般花芽膨大期持续 1～2 周，长者可达 1 月之久。

（2）开花期

蜡梅单花开放过程经 30～40 天，开花时间和顺序因种类、品种而异，也受树势、枝条类别影响，环境条件中主要受温度的制约。同一蜡梅品种因栽培地区不同，开花期差异也很大。蜡梅开花的物候规律是：随着纬度的增加花期逐渐推迟，且花期增长。花期因品种不同而有先后，早的 11 月初始花，晚的次年 2 月初开。一般来说，在温暖的地区，花期较早；在寒冷的地区,花期较迟。

（3）展叶期

在南京,2月下旬至3月上中旬蜡梅叶芽芽鳞张开露出绿色,开始萌芽;3月中下旬开始展叶;4月初新梢开始生长;5月中下旬短花枝首先停止生长;6月中下旬至7月中旬,中、长花枝陆续停止生长,但部分生长枝的生长一直持续到9月底、10月初。基部萌芽枝自4月初开始可生长至10月中旬,以春秋雨季发生最多。

（4）果熟期

蜡梅果熟期表现为:果托由绿色变为灰黄色或灰褐色,渐而干燥;瘦果果皮由浅黄绿色变为紫褐色,革质,有光泽。蜡梅果熟期一般为6—7月。

（5）花芽发育期

春季萌生的枝条从5月上旬出现枝顶枯死至停止生长,叶片光合作用制造的营养物质多用于种实的发育,同时部分枝条上有花芽的雏形出现。

（6）落叶期

蜡梅植株上叶片于秋季开始变为黄绿色,到秋末开始有叶片逐渐脱落。因品种不同及地区差异落叶早晚也不一样。南京地区有的蜡梅品种冬季会出现叶片不落或少数落叶,直至次年蜡梅重新发芽抽枝后才逐渐脱落。

3.2　生态习性

3.2.1　生态因子

（1）温度

蜡梅属植物都是典型北亚热带湿润气候条件下的灌木树种,对气候有很强的适应能力,尤其是蜡梅及其栽培品种,栽培范围可横跨纬度相差20°以上的热带、亚热带和温带三个气候带,因此在我国分布和栽培很广。蜡梅分布区的年均气温11.7～16.2 ℃,最热月均气温22～28 ℃,最冷月均气温0.7～0.4 ℃,极端低气温达−17 ℃,极端最高气温达43 ℃。蜡梅耐寒,在年平均气温10 ℃左右、极端最低温度−25 ℃的条件下仍能正常生长。蜡梅还具有耐高温的特点,在极端最高气温44.6 ℃的条件下无灼害发生。其中以年平均气温15～18 ℃的条件下生长发育最好。蜡梅耐寒力强,在不低于−15 ℃时露地都能安全越冬。应注意的是蜡梅虽是耐寒植物,但其耐寒力有一定限度,−5 ℃左右低温如果持续2～3天,则开放的花朵和较大的花蕾会受到冻害。

（2）光照

蜡梅性喜阳光,但亦耐阴。它是幼龄耐阴、壮龄喜光的灌木树种,因而在不同生长发育阶段中,耐阴程度的表现也不尽相同。幼苗及幼龄阶段的植株耐阴程度比壮龄植株强得多;随着株龄的增长,其耐阴程度则逐渐减弱。在自然立地条件下,蜡梅多分布在半阴坡或半阳坡的基部、河溪两岸土壤湿润的地方。

（3）湿度

蜡梅耐旱怕涝,河南鄢陵有"旱不死的蜡梅"之说。特别是在花芽分化期的6—7月,此时不宜大水大肥,要进行扣水扣肥,促使其花芽分化。露地栽培,雨季要注意排水;如遇久旱,应适当灌水。蜡梅怕土壤潮湿,在土壤较湿、排水不良的地方,植株容易烂根死亡。

（4）土壤

蜡梅具有很强的适应能力,尤其对土壤的适应能力更强,在多种土壤中均能正常生长和良好发育。在南方 pH4~5.5 的酸性黄壤、红壤,北方 pH8~8.5 的盐碱土、干旱瘠薄的砾质土、肥沃湿润的壤土和沙壤土中都能生长、开花及结实。蜡梅喜土层深厚、肥沃、湿润疏松、排水良好的微酸性土壤,以近中性及微酸性的沙壤土为佳,应选地势高燥、排水良好处栽植。

3.2.2 抗寒性

抗寒性是植物的一个重要性状,直接影响到植物的越冬能力和北向栽培区域,因此抗寒性研究无论对于北方引种还是抗寒育种都有重要意义。蜡梅虽然具有较强的抗寒性,但北方地区蜡梅常在花期遇低温遭受冻害,不能正常开花,这样就大大降低其观赏性。而北方大部分城市树种资源相对较贫乏,冬季景色萧条,尤其是缺乏冬花树种。我国拥有丰富的蜡梅资源,北方地区若能引入更多蜡梅品种,不仅可以增加冬季观赏植物种质资源、丰富冬季园林景观,而且将对推进蜡梅这一名优花卉的市场化、产业化,对于促进城市风景园林建设发展发挥重要作用。

张昕欣(2008)以 3 个蜡梅品种实地生境调查数据资料为基础,借鉴其他植物抗寒研究的方法,探讨了蜡梅一年生枝条对低温的适应性生理,以寻找简便易行又能较为准确地反映蜡梅抗寒性的指标和增强抗寒性的方法,以期为蜡梅在广大华北、东北地区推广应用提供理论依据和有益参考。

（1）试验材料

试验材料均取自江苏省宜兴市西渚镇试验地。宜兴市位于北纬 31°07′~31°37′,东经 119°31′~120°03′,属北亚热带南缘季风气候区,气候特点是四季分明,温和湿润(年平均气温 15.7 ℃),雨量丰沛(年平均降水量 1 177 mm),日照尚足,无霜期长(年平均无霜 241天),生长期 250 天左右。在研究期内对'琥珀'(*Ch. praecox* 'Hupo')、'玉碗藏红'(*Ch. praecox* 'Yuwan Canghong')、'出水芙蓉'(*Ch. praecox* 'Chushui Furong')3 个蜡梅品种(孙钦花,2007)进行了物候观察(见下表)。

三个蜡梅品种的物候期观测

月份	品种	物候期
11月	'琥珀'	上旬多数叶枯黄,进入落叶期;下旬多数花芽开始膨大
	'玉碗藏红'	上旬枝叶较茂盛,中旬叶片开始枯黄,下旬开始进入落叶期
	'出水芙蓉'	枝叶茂盛,下旬少量叶枯黄
12月	'琥珀'	上旬叶片落尽,进入初花期
	'玉碗藏红'	中旬叶片落尽,下旬进入花芽膨大期
	'出水芙蓉'	上旬进入落叶期,下旬花芽开始膨大

月份	品种	物候期
1月	'琥珀'	中旬进入盛花期
	'玉碗藏红'	上旬进入初花期,下旬进入盛花期
	'出水芙蓉'	上中旬花芽逐渐成熟,下旬进入初花期
2月	'琥珀'	上旬进入末花期,开始形成叶芽
	'玉碗藏红'	上旬进入末花期,中下旬花朵完全凋谢,开始形成叶芽
	'出水芙蓉'	上旬进入盛花期,下旬进入末花期
3月	'琥珀'	中旬进入展叶初期
	'玉碗藏红'	下旬进入展叶初期
	'出水芙蓉'	上旬有残余花朵,中旬开始形成叶芽

2006年11月至2007年3月每月中下旬采样。供试品种'琥珀''玉碗藏红''出水芙蓉'均于1999年引自南京中山植物园,均为7年生实生苗。采样标准为每个品种选取生长状况基本相同的植株10株左右,从东南方向采取一年生枝条,要求枝条充分成熟,整齐均匀,粗度相近(直径0.3~0.5 cm),剪取长度为10 cm。

(2)试验方法

本试验测定自然状态下蜡梅越冬过程中枝条生理生化指标和蜡梅在人工低温处理状态下枝条生理生化指标,采用两种指标相结合的研究方法。

① 自然状态下蜡梅越冬过程中枝条生理生化指标测定。剪取自然状态下生长的蜡梅越冬枝条,测定其组织含水量、相对电导率、酶活性、可溶性蛋白含量、丙二醛(MDA)含量、可溶性糖含量、叶绿素含量等生理生化指标。

② 人工低温处理状态下蜡梅枝条生理生化指标测定。将准备好的枝条置于程控冰箱中,设定$-6\ ℃$、$-10\ ℃$、$-14\ ℃$、$-18\ ℃$、$-22\ ℃$、$-26\ ℃$ 6个温度梯度,以不进行冻融处理的枝条为对照,将供试枝条分为7组,测定其人工低温处理状态下枝条的相对电导率、保护酶活性、可溶性糖含量、可溶性蛋白含量、叶绿素含量等生理生化指标。然后将经低温处理的枝条在培养箱中水培(温度25 ℃,湿度85%),半个月后调查统计枝条的生长状况。

③ 一年生枝条解剖结构观测。室温下对蜡梅一年生枝条横切面分别用50倍、80倍、300倍电镜扫描摄影和测量,观测木质部面积及所占比例、髓部面积及所占比例、韧皮部面积及所占比例和总面积。

(3)结果分析

① 越冬过程中生理生化指标主成分分析。对越冬过程中所得各项生理生化指标作标准化处理,得相关系数矩阵(见下页表)。由表可知,相对电导率与叶绿素含量呈极显著负相关,与过氧化物歧化酶(POD)活性、超氧化物歧化酶(SOD)活性则呈极显著正相关,与可溶性蛋白含量、可溶性糖含量则呈显著正相关,说明细胞膜受到伤害,相对电导率上升,保护酶

活性和可溶性蛋白、可溶性糖含量也增加。而相对电导率和叶绿素含量呈极显著负相关,其原因还需要进一步研究。POD 活性与 SOD 活性、可溶性蛋白含量与可溶性糖含量都呈极显著正相关;这两类指标之间亦呈极显著正相关,且都与叶绿素含量呈显著负相关。同时可知有些指标之间虽然相关性不显著,但是各个单项指标之间仍然存在着一定的相关性,它们反映的信息在一定程度上存在重叠,因此原始数据经过转换组合得出的综合指标能较好地反映它们与品种抗寒性的关系。

越冬过程中蜡梅枝条生理生化指标相关系数矩阵

指标	1	2	3	4	5	6	7	8
1	1.000							
2	0.730**	1.000						
3	0.725**	0.920**	1.000					
4	0.503*	0.590**	0.682**	1.000				
5	0.553*	0.702**	0.829**	0.815**	1.000			
6	−0.830**	−0.566*	−0.639*	−0.511*	−0.670*	1.000		
7	0.150	0.157	−0.172	−0.178	−0.452	0.148	1.000	
8	0.124	−0.301	−0.084	0.369	0.304	−0.391	−0.477	1.000

注:1:相对电导率;2:POD 活性;3:SOD 活性;4:可溶性蛋白含量;5:可溶性糖含量;6:叶绿素含量;7:组织含水量;8:MDA 含量。

* 为 0.05 水平显著相关; * * 为 0.01 水平极显著相关。

根据标准化数据求出特征值、各主轴贡献率和特征向量值(见下表)。主成分的特征值和贡献率是选择主成分的依据,由表可知,前 3 个主成分的累积贡献率为 90.185%,表明前 3 个主成分已经把蜡梅 3 个品种抗寒性 90.185% 的信息反映出来,因此可以选取前 3 个主成分作为蜡梅 3 个品种抗寒性评价的综合指标。

越冬过程中蜡梅枝条生理生化指标主成分分析

指标	组成		
	1	2	3
相对电导率	0.390	0.181	0.448
POD 活性	0.397	0.368	−0.182
SOD 活性	0.435	0.153	−0.273
可溶性蛋白含量	0.381	−0.141	−0.100
可溶性糖含量	0.430	−0.178	−0.275
叶绿素含量	−0.387	0.086	−0.441
组织含水量	−0.093	0.587	0.473
MDA 含量	0.103	−0.637	0.433
特征值	4.491	1.818	0.907

指标	组成		
	1	2	3
贡献率(%)	56.131	22.719	11.335
累计贡献率(%)	56.131	78.850	90.185

第一主成分的特征值为 4.491,贡献率为 56.131%,绝对值较大的依次为:SOD 活性>可溶性糖含量>POD 活性>相对电导率,说明第一主成分表示保护酶活性、可溶性糖含量、质膜透性与抗寒性的关系。第二主成分的特征值为 1.818,贡献率为 22.719%,绝对值较大的有 MDA 含量和组织含水量这 2 个变量,所以第二主成分主要表示膜脂过氧化程度、水分变化与抗寒性的关系。第三主成分的特征值为 0.907,贡献率为 11.335%,组织含水量和相对电导率这 2 个变量的绝对值较大,说明第三主成分表示水分变化、质膜透性与抗寒性的关系。

② 人工低温处理过程中生理生化指标主成分分析。对人工低温处理过程中各项生理生化指标作标准化处理,得下表相关系数矩阵(见下表)。由表可知,相对电导率与生长恢复之间呈极显著负相关,且相关系数较大,说明低温处理过程中蜡梅枝条细胞膜受到伤害程度增加,相对电导率增大,枝条的萌芽率则降低。POD 活性与可溶性蛋白、SOD 活性、MDA 含量则呈极显著正相关。同时 SOD 活性与可溶性蛋白含量呈极显著正相关,与可溶性糖含量呈显著正相关,说明蜡梅枝条在低温处理过程中保护酶活性增加,MDA 含量、可溶性蛋白和可溶性糖的含量也增加。叶绿素、生长恢复与 MDA 含量呈极显著负相关,说明低温处理过程中蜡梅枝条叶绿素含量和萌芽率降低,MDA 含量则升高。

人工低温处理过程中蜡梅枝条生理生化指标相关系数矩阵

指标	1	2	3	4	5	6	7	8
1	1.000							
2	0.117	1.000						
3	0.173	0.644**	1.000					
4	−0.170	0.821**	0.764**	1.000				
5	0.354	0.534*	0.535*	0.485*	1.000			
6	−0.317	−0.159	0.203	0.150	0.263	1.000		
7	−0.938**	−0.356	−0.215	0.020	−0.365	0.450*	1.000	
8	0.448*	0.624**	0.137	0.307	0.202	−0.538**	−0.661**	1.000

注:1:相对电导率;2:POD 活性;3:SOD 活性;4:可溶性蛋白含量;5 活性可溶性糖含量;6:叶绿素含量;7:生长恢复;8:MDA 含量。
* 为 0.05 水平显著相关;* * 为 0.01 水平极显著相关。

由人工低温处理过程中各项生理生化指标主成分分析结果(见下页表)可知,前 4 个主成分累积贡献率为 94.996%,表明前 4 个主成分已经把蜡梅 3 个品种抗寒性绝大部分信息

人工低温处理过程中蜡梅枝条生理生化指标主成分分析

指标	组成			
	1	2	3	4
相对电导率	0.304	−0.413	0.448	0.304
POD 活性	0.457	0.198	−0.301	0.457
SOD 活性	0.364	0.348	0.130	0.364
可溶性蛋白含量	0.346	0.439	−0.257	0.346
可溶性糖含量	0.359	0.204	0.441	0.359
叶绿素含量	−0.132	0.452	0.497	−0.132
生长恢复	−0.386	0.406	−0.235	−0.386
MDA 含量	0.389	−0.258	−0.360	0.389
特征值	3.507	2.354	1.197	0.462
贡献率(%)	43.840	29.421	14.965	5.771
累计贡献率(%)	43.840	73.260	88.225	94.996

反映出来,因此可以选取前 4 个主成分作为蜡梅 3 个品种抗寒性评价的综合指标。

第一主成分的特征值为 3.507,贡献率为 43.840%,其中 7 个因子的绝对值比较接近,说明它们对原始变量有近似相等的荷载,绝对值较大的依次为:POD 活性＞MDA 含量＞生长恢复＞SOD 活性,说明第一主成分主要表示保护酶活性、膜脂过氧化、枝条萌芽率与抗寒性的关系。第二主成分的特征值为 2.354,贡献率为 29.421%,数值较大的变量有叶绿素含量、可溶性蛋白含量、相对电导率这 3 个变量,所以第二主成分主要表示光合色素含量、可溶性蛋白含量、质膜透性与抗寒性的关系。第三主成分的特征值为 1.197,贡献率为 14.965%,叶绿素含量和相对电导率的绝对值较大,说明第三主成分主要表示光合色素含量、质膜透性与抗寒性的关系。第四主成分的特征值为 0.462,贡献率为 5.771%,其中 POD 活性、MDA 含量、生长恢复、SOD 活性和可溶性糖含量的绝对值较大,说明第四主成分主要表示保护酶活性、膜脂过氧化、可溶性糖含量与抗寒性的关系。

③ 一年生枝条解剖结构观测结果(见下页图)。扫描电镜下对 3 个品种的一年生枝条横切面进行观察和测量,'玉碗藏红'的木质部面积比例最大,韧皮部面积比例最小;'琥珀'的木质部面积比例最小,韧皮部面积比例最大;'出水芙蓉'的木质部和韧皮部面积比例居中,表明木质部面积比例与蜡梅抗寒性呈正相关,韧皮部面积比例与蜡梅抗寒性呈负相关。

(4) 结论

通过综合运用多种分析方法,测定了越冬过程中和人工低温处理过程中蜡梅不同品种离体一年生枝条的生理生化指标变化。综合越冬过程和人工低温处理各项生理生化指标的主成分分析结果可以看出,保护酶含量、可溶性糖含量、质膜透性、膜脂过氧化及受冻后的萌芽率与蜡梅抗寒性的关系相对较密切。

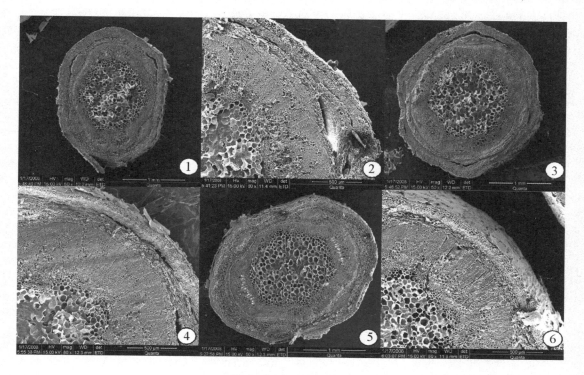

蜡梅一年生枝条解剖结构

①'琥珀'一年生枝条横切面(50×)　②'琥珀'一年生枝条横切面(80×)　③'玉碗藏红'一年生枝条横切面(50×)

④'玉碗藏红'一年生枝条横切面(80×)　⑤'出水芙蓉'一年生枝条横切面(50×)　⑥'出水芙蓉'一年生枝条横切面(80×)

① 越冬过程中,3个品种的生理生化指标变化趋势基本一致。组织含水量呈"W"形曲线变化;相对电导率、保护酶活性、可溶性蛋白和可溶性糖含量以1月为分界点,呈先上升后下降变化趋势;MDA含量以12月为分界点,呈先上升后下降变化趋势;叶绿素含量以1月为分界点,为先下降后上升变化趋势。

② 越冬过程中,从整体水平看,'玉碗藏红'的组织含水量变化相对较稳定,相对电导率和MDA含量最小,POD、SOD活性大,可溶性蛋白、可溶性糖含量和叶绿素含量最大;而'琥珀'的组织含水量变化较大,相对电导率和MDA含量最大,保护酶活性小,可溶性蛋白、可溶性糖含量和叶绿素含量最小;'出水芙蓉'的各生理生化指标水平居中。

③ 扫描电镜下对3个品种的一年生枝条横切面进行观察和测量,结果显示木质部面积比例与蜡梅品种抗寒性呈正相关,韧皮部面积比例与抗寒性呈负相关。

④ 人工低温处理过程中,3个品种的生理生化指标变化趋势基本一致。相对电导率和叶绿素含量分别以−6 ℃和−22 ℃为分界点,呈先下降后上升趋势;MDA含量和POD活性以−18 ℃为分界点,呈先上升后下降趋势;SOD活性和可溶性蛋白含量则呈"S"形曲线变化,可溶性糖含量呈"W"形曲线变化。

⑤ 根据Logistic回归方程得出,3个品种的半致死温度分别为−21.2 ℃、−24.2 ℃和−22.5 ℃,与恢复生长试验结果吻合。方差分析表明,不同低温处理、不同品种间的相对电导率、保护酶活性、可溶性蛋白含量、可溶性糖含量、叶绿素含量差异均极显著,不同低温处

理的 MDA 含量差异显著,不同品种间的 MDA 含量差异不显著。蜡梅相对电导率、半致死温度、MDA 含量与抗寒性成负相关,保护酶活性、可溶性蛋白含量、可溶性糖含量和叶绿素含量与蜡梅抗寒性正相关。

⑥ 通过主成分分析对抗寒指标进行综合评价,结果显示相对电导率与叶绿素含量、生长恢复呈极显著负相关,POD 活性与 SOD 活性、可溶性蛋白含量与可溶性糖含量之间都呈极显著正相关,这两类指标之间亦呈极显著正相关,且相关系数较大。保护酶活性、可溶性糖含量、质膜透性、膜脂过氧化及受冻后的萌芽率与蜡梅抗寒性的关系相对较密切。

⑦ 蜡梅不同品种一年生枝条的抗寒能力存在较大差异,参试的 3 个品种中'玉碗藏红'抗寒性最强。抗寒能力依次为:'玉碗藏红'>'出水芙蓉'>'琥珀'。

第 4 章　蜡梅繁殖与栽培管理

　　我国是蜡梅的原产地,人工引种栽培蜡梅的历史达千年以上。明清时期,蜡梅的栽培更是盛极一时。尽管如此,我国古代未见关于蜡梅的专著问世,关于蜡梅的栽培技术散见于少数几本书籍之中。《范村梅谱》最早指出蜡梅可用种子播种和嫁接繁殖;《二如亭群芳谱》阐明了蜡梅的具体播种方法;《花镜》指出蜡梅的播种日期以农历七月为宜;《品芳录》指出,由蜡梅种子所获得的实生苗必变种,因此可用这个方法选育蜡梅新品种,而用扦插繁殖则种性不易变异。

　　蜡梅为自然二倍体植物,两性花,由昆虫传播花粉,结实率较高。但由于授精方式的不确定性,其种子会产生较大变异,保持品种优良性状的稳定性差。因而蜡梅的传统繁殖方法以嫁接为主,分株为次,播种、扦插、压条用者较少。

　　近年来,由于人们生活水平的提高,蜡梅这一传统的冬季香花树种重新在园林运用中得到重视。生产栽培者和园艺工作者投入了大量人力物力对蜡梅的栽培进行深入研究,并总结出了不少栽培管理的经验和方法,在扩大蜡梅的繁殖系数、保持品种优良性状等方面取得了可喜的成果。

4.1 种子繁殖

种子繁殖也叫有性繁殖,是通过两性生殖细胞的结合形成具有生命力的种子,经传播来繁衍后代。

由种子繁殖得到的苗木叫实生苗,实生苗具有如下特点:生长健壮;幼苗遗传性状容易分离;性状不稳定;幼苗开花结果期较晚。

长期以来,在蜡梅繁殖领域存在这样的误解:以播种方式得到的蜡梅苗多为不具观赏价值的狗蝇蜡梅,因而栽培者进行播种繁殖主要是为取得嫁接用的砧木,人们对蜡梅播种出苗率及品质的关注及相关研究也就较少。实际上,南京中山植物园的吴建忠先生通过10多年的蜡梅播种繁殖研究发现,只要注意采收优良品种蜡梅母株的种子进行播种,实生苗开花大多品质良好,不经嫁接便可在园林中直接应用,并且可防止嫁接苗常出现的砧木替代现象。现将笔者课题组进行的播种试验介绍如下(王菲彬,2004)。

4.1.1 材料与方法

(1)试验场所及准备

试验场地设在南京林业大学校内北大山南面的花圃中土壤条件相对一致的地块。播种前进行精细整地,施足底肥,作平畦(1～1.5 m×3 m),以细黄土加蛭石对半拌匀,用1%的高锰酸钾消毒,平铺5 cm厚作播种基质。

(2)播种前处理

① 2001年7月采购的'磬口'蜡梅种子,冬季沙藏,播种前40～50 ℃温水浸泡72 h;于2002年3月26日播种。

② 2002年6月下旬,将采回的果实在室内阴凉处堆放3～4天,待果托烂掉,果皮部分裂开并露出子叶后,于2002年6月下旬至7月陆续播种。

③ 2002年7月下旬,播种前用40～50 ℃温水浸泡蜡梅种实72 h,使其吸水膨胀后混沙催芽,待种皮部分裂开后,于2002年8月10日始陆续播种。

(3)试验设计

为排除土壤条件差异对出苗情况的影响,本试验采取3×3拉丁方试验设计,比较3种处理(播种时期与种子处理方式)种子的出苗情况。每个处理重复3次。观察并记录出苗情况,每周记录一次,4周后统计总出苗率。

(4)播种及播种后管理

采取条播方式,行距4～5 cm,播种沟深2～3 cm、宽4～5 cm,播前在沟内浇水,将种实在沟内均匀摆播,注意种胚方向,便于胚根直接伸入土壤。播后应及时覆土,覆土厚度为种子横径的2～3倍。经常保持床面湿润,夏季搭荫棚,适时进行中耕、除草。当幼苗长出3～4对真叶时及时间苗。

4.1.2 结果与分析

（1）试验结果

播种 4 周后的出苗数

A	B	C
150	410	329
B	C	A
345	355	183
C	A	B
300	199	168

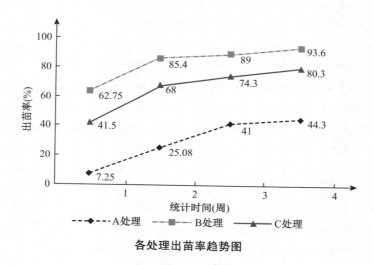

各处理出苗率趋势图

总出苗率及入冬前实生苗生长情况

项目	A	B	C
种子数（粒）	1 200	1 200	1 200
出苗数（棵）	532	1 123	964
出苗率（%）	44.3	93.6	80.3
平均苗高(cm)	42.6	28.3	20.4
平均地径(cm)	0.94	0.87	0.72

（2）统计分析

不同播种方式出苗数的方差分析

变因	F	SS	MS	F_0	$F_{0.01(2,2)}$
行间	2	131.00	65.50	0.49	
列间	2	3 725.00	1 862.5	14.00	

变因	F	SS	MS	F_0	$F_{0.01(2,2)}$
处理间	2	62 354.00	31 177.00	234.41	99.0
剩余	2	266.00	133.00		
总变异	8	31 000			

从统计分析结果来看,3 种播种方式的出苗率之间差异极显著,因而再对各处理的出苗平均数用 Duncan 法进行多重对比。

Duncan 法多重对比出苗平均数

播种方式	B	C	A
平均出苗数（%）	374.3	321.3	177.3
差异显著性（$\alpha=0.01$）			

结果表明:第二种播种方式的出苗率远高于后两种播种方式,其差异程度达 1% 的显著水平;其次为第三种播种方式,与第一种播种方式的差异程度也达到 1% 的显著水平。

4.1.3　结论与讨论

（1）结论

① 种子年份对出苗的影响。

种子年份对出苗时间的影响:当年采收的种子播种与前一年采收的种子播种相比,当年采收的种子在出苗时间上相对较早,在第一周出苗率即可达 50% 以上,播种后 7～10 天内达到出苗盛期,后几周趋于平缓。前一年采收的种子出苗时间集中在第 2～3 周,占 70% 以上,后几周趋于平缓。

种子年份对出苗率的影响:相同的催芽方式,当年采收的种子的总出苗率相对较高,出苗率可达到 80% 以上,而前一年采收的种子的出苗率只达到 44.3%。当年采收的种子出苗率比前一年采收的种子高近一倍。

种子年份对实生苗生长的影响:当年采收的种子在入冬前平均苗高能达到 20 cm 以上,平均地径达 0.7 cm 以上;前一年采收的种子春季播种,入冬前平均苗高为 42.6 cm,平均地径 0.94 cm。当年采收种子秋季播种与前一年采收种子春季播种而得的苗木,在生长量上相差无几。

另外,当年采收的种子在 6 月播种,由于延长了实生苗的生长时间,平均苗高和平均地径均大于 7 月播种的实生苗,有利于安全越冬。

② 种子采收时期对出苗的影响。从当年采收的种子的出苗情况来看,采收时期对出苗时间影响不大,都在播种后两周内达到出苗盛期。在出苗率上,6 月上旬采收的种子出苗率高于 7 月下旬采收的种子,出苗率相差 10.3%。

（2）讨论

① 蜡梅种实存在机体休眠特性,一方面,由于种实外部由坚硬的果皮和种皮包围,其透

水、通气性很差,在一定程度上抑制种胚的呼吸作用和营养物质分解、转化和利用;另一方面,因种胚发育不完全等原因,造成种实成熟后处于深度休眠状态。因而,在种实成熟后进行播种繁殖,为解除蜡梅种子的休眠,可采用温水浸种或层积方式进行催芽。资料显示,前一年采收的蜡梅种子,早春混沙层积催芽后播种的出苗率可达 70％左右。试验中对前一年采收的种子采用温水浸种方式进行催芽,出苗率仅达 44.3％。由此可见,温水浸种方法不如混沙层积催芽方法效果好。

② 蜡梅种实成熟期为 7—8 月,比较 6 月(种实成熟前)采收的种子与 7 月(种实成熟后)采收的种子播种后出苗情况,结果显示,6 月采种播种的出苗率高于 7 月采种播种的出苗率。分析其原因,蜡梅的种胚具有提前一个半月成熟且无休眠期的特性。利用此特性,在蜡梅种实成熟前采种播种,不仅可免去温水浸种和层积催芽的程序,还能有效地提高出苗率并使出苗时间提前,因而相对延长了实生苗的生长时间,使平均苗高和平均地径相对增加,苗木生长健壮,有利于安全越冬。

③ 比较 3 种播种方式,以在种实成熟前一个月采收果实、进行层积堆贮,种子发芽快、出苗齐,出苗率高。在生产应用上,不仅能够缩短育苗时间,而且由于出苗时间早,苗木生长充实,因而可以无防护越冬,降低育苗费用。如果用于培育砧木,则有利于缩短苗木成型的时间,创造较高的经济效益。

④ 影响种子萌发的因素除了种子自身的原因外,外界的水分、空气和温度也是十分关键的因素。因此,对蜡梅进行播种繁殖,应根据生产地的土壤、气候条件来选择播种时间及播种方式。一般来说,北方地区比较适合进行春季播种。若进行夏季播种,幼苗出土后,到冬季易受冻害,采用塑料薄膜覆盖才能安全越冬。南方地区几种播种繁殖方式均可,如果冬季气候温暖、育苗土壤湿润,冬季也可进行播种。

4.2　营养繁殖

由于营养繁殖能保持蜡梅的优良性状,在目前蜡梅生产栽培中多采用该方法,如嫁接、分株、压条、扦插等。

4.2.1　嫁接

嫁接多用于繁殖优良植株,砧木一般选用'狗牙'蜡梅和其他生长良好但观赏性状较差的蜡梅实生苗。常用切接、靠接和腹接法。

(1)切接法

切接的成活率主要取决于嫁接时间掌握得正确与否,宜在蜡梅叶芽开始萌动至麦粒大小时进行,过早过晚均难以成活。接穗宜选用二年生健壮充实的枝条,取枝条中部,长 6～7 cm。嫁接苗到秋后可长到 50～60 cm,2～3 年后即可开花。

(2)靠接法

宜在生长旺季进行,以 5—6 月效果最好。为了蜡梅快速成型,也可以在春季进行靠接,在蜡梅枝芽刚萌动时进行。

具体操作时,选取健壮的砧木和充实的接穗,接穗应长 3～4 cm,带一对饱满芽。在接穗光滑的一侧,用利刃将表皮层从贴近木质部的形成层部位削掉;同时在砧木下部光滑一侧从形成层削掉大小相当的皮层(不可用手触削面)。两者切口对好后,用 0.10～0.15 mm 厚的地膜带绑扎(将来可不用松绑)。除将芽露出来外,接穗及切口均要扎好,以防失水。离体靠接法一年四季均可进行,一个月后即可成活,成活率可达 90% 以上,成活以后就可分割移栽。

(3) 腹接法

适宜嫁接时间为 6 月至 9 月中旬。以 2～3 年生或 5～6 年生的实生苗作砧木,选离根较近的生长点,在此生长点上 0.5 cm 处斜向下切(刀深不超过株径的 1/3),切口长 2 cm 左右。选取当年抽出的嫩壮枝为接穗,每穗带一个芽段,顶上的两片叶均剪去 2/3,下端削成马耳形插入砧木切口内,对准形成层后适度绑扎。20～25 天伤口愈合,新枝展叶后除去绑扎物,当年即可形成高 50 cm、具有 3～4 个分枝的带花植株。

4.2.2 分株

在冬季休眠期将母株距地面 25～30 cm 以上高度的地上枝条全部截短。翌年开春时掘空母株四周的土壤,将外圈的枝丛和母株劈开,保留母株中央的数根主枝继续生长,劈下的每一分株均需带较多的根系。分株苗培育一年即可开花。

4.2.3 压条

可用普通压条、拥土压条和高枝压条等方法繁殖。目前生产中使用较少。普通压条在整个生长季节均可进行;拥土压条宜在夏初进行;高枝压条宜在梅雨季节进行。蜡梅的高枝压条育苗技术要领如下:选树干粗壮、无病虫害、分枝多的母株(同一枝条上可在一处或多处采用)上树干径 2～7 cm 的部位,在 5 月下旬或 6 月上旬进行。高压前对母树浇一次透水,有利于环割后树皮的剥净。环剥宽度略小于树干直径,一般在 2～5 cm 均可。环割剥皮后在环割部位上下两端、方向相反的位置上用钢锯条各锯至木质部的 1/4～1/3 处,以加速环剥部位的养分积蓄,促进生根。然后套上塑料袋,装进填料包扎好,装填料可用土壤、苔藓、泥炭等。1～2 月后生根,生根后即剪离母体上盆定植,在 8 月下旬至 9 月下旬即可另行栽种,当年就能开花。

4.2.4 扦插

蜡梅为落叶灌木,其发枝力强,耐修剪,而且根颈处易生旺盛的蘗枝,结合修剪或剪取萌蘗枝即可获得大量的扦插材料。只是蜡梅枝插的成活率极低,虽然经过园艺工作者多年的努力,已将蜡梅扦插成活率提高到 53%,但仍然达不到利用枝插进行优良品种蜡梅大规模生产繁殖的要求。采用不同激素配方,在不同时期进行扦插试验,可使蜡梅扦插成活率得到进一步提高(王菲彬,2004)。

(1) 材料与方法

① 试验场所及材料选取。试验在南京林业大学校内北大山南面花房的扦插圃内进行。扦插基质为珍珠岩和细河沙(以 3∶1 比例混合)。选取南京林业大学校内多年生实生'素心'蜡梅,植株基部萌发的一年生近熟或半木质化枝条上段(梢部)为试验材料,剪成长 10～15 cm 的插穗,其上留一对叶(上端在距芽眼 1.5 cm 处平剪,下端在近叶痕处斜剪)。

② 遮光处理。分 3 组进行:A$_1$:全光照;A$_2$:单层 60% 遮光网(40% 全光照);A$_3$:两层

60%遮光网(16%全光照)。

③ 外源激素处理。

a. 高浓度的激素配方结合快浸法处理插条,设 4 种处理,结合对照共 5 组,每个处理 40 个插条

B_1:500 ppm NAA,浸泡插条 20～30 min;

B_2:500 ppm NAA+40%乙醇,浸泡插条 5～10 s;

B_3:500 ppm IBA+40%乙醇,浸泡插条 5～10 s;

B_4:1/2 B_2 配方+1/2 B_3 配方,浸泡插条 5～10 s;

B_5:清水对照。

b. 低浓度的激素配方结合慢浸法处理插条,设 1 种处理,每个处理 40 个插条。

B_6:25 mg/L NAA+25 mg/L IBA,浸泡插条(基部约 3 cm)24 h。

④ 试验设置。

试验一:选择出适宜的激素配方及影响扦插成活率的环境因素。

该试验采用两因素随机区组试验设计,因素 A 为遮光度(3 个水平)、因素 B 为外源激素处理(6 个水平),2 个区组。试验时间为 2002 年 6 月到 9 月。6 月 20 日搭设遮光网,网离畦面高约 1 m。6 月 24 日剪取插穗并进行外源激素处理。9 月 14 日统计成活率并移植。

试验二:选择出最佳扦插时机。2003 年 4 月 1 日到 10 月 20 日,每隔 20 天用配方 B_2 处理一组'素心'蜡梅半木质化插条,每组 30 个插条,一层遮光网。3 个月后统计成活率并移植。

⑤ 插后管理措施。处理后的插穗以 3 cm×3 cm 的株行距开沟摆条,覆沙洒水,间歇喷雾,保持空气相对湿度在 80%以上。

(2)结果与分析

① 试验一。相关实验结果如下文图表。

插条形成愈伤组织

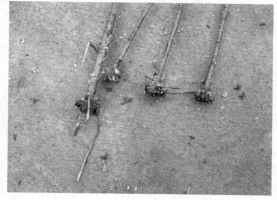

插条形成不定根

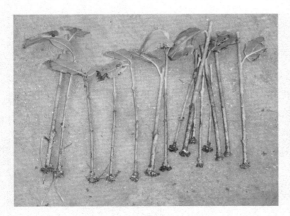 

成活的插条　　　　　　　　　　　　　　移栽后根的生长情况

扦插成活插条数统计（包括形成愈伤组织和生根的插条）

处理方法	I			II		
	A_1	A_2	A_3	A_1	A_2	A_3
B_1	3	11	5	4	13	4
B_2	4	15	7	3	12	5
B_3	2	8	4	3	10	5
B_4	3	9	4	2	9	3
B_5	1	2	1	0	3	1
B_6	2	10	6	3	11	3

对试验结果进行统计分析。资料方差分析：采用固定模型统计分析方法，寻找外源激素和遮光度的最佳组合。

资料处理组合和区组两向表

处理组合	区组		T_t	$\bar{x}_t$
	I	II		
$A_1 B_1$	3	4	7	3.5
$A_1 B_2$	4	3	7	3.5
$A_1 B_3$	2	3	5	2.5
$A_1 B_4$	3	2	5	2.5
$A_1 B_5$	1	0	1	0.5
$A_1 B_6$	2	3	5	2.5
$A_2 B_1$	11	13	24	12.0
$A_2 B_2$	15	12	27	13.5

（续表）

处理组合	区组		T_t	$\bar{x}_t$
	Ⅰ	Ⅱ		
A_2B_3	8	10	18	9.0
A_2B_4	9	9	18	9.0
A_2B_5	2	3	5	2.5
A_2B_6	10	11	21	10.5
A_3B_1	5	4	9	4.5
A_3B_2	7	5	12	6.0
A_3B_3	4	5	9	4.5
A_3B_4	4	3	7	3.5
A_3B_5	1	1	2	1.0
A_3B_6	6	3	9	4.5
T_r	97	94	191	

A 因素和 B 因素两向表

A 因素	B 因素						T_A	$\bar{X}_A$
	B_1	B_2	B_3	B_4	B_5	B_6		
A_1	7	7	5	5	1	5	30	2.500 0
A_2	24	27	18	18	5	21	113	9.416 6
A_3	9	12	9	7	2	9	48	4.000 0
T_B	40	46	32	30	8	35	191	
$\bar{X}_B$	6.666 6	7.666 6	5.333 3	5.000 0	1.333 3	5.833 3		

两因素随机区组固定模型方差分析

变因	自由度	平方和 SS	均方 MS	F	F 值
区组	1	0.25	0.25		
处理	17	503.14			
A	2	317.72	158.86	133.4**	$F_{0.01(2,17)} = 6.11$
B	5	141.47	28.29	23.75**	$F_{0.01(5,17)} = 4.34$
AB	10	43.94	4.39	3.692**	$F_{0.01(10,17)} = 3.59$
剩余	17	20.25	1.19		
总变异(T)	35	523.64			

F 检验结果表明：不同遮光度（A）、不同外源激素配方（B）间及二者之间的交互效应均

达到 1‰的显著水平。因此对数据进行多重对比,寻找最佳组合。采用 Duncan 新复极差法作多重对比。

Duncan 法多重对比显著性

序号	组合	平均数	y18	y17	y16	y15	y14	y13	y12	y11	y10	y9	y8
			y7	y6	y5	y4	y3	y2					
1	A_2B_2	13.5	13	12.5	11	11	11	11	10**	10**	10**	9**	9**
2	A_2B_1	12	9**	7.5**	4.5**	4.5**	3*	1.5					
3	A_2B_6	10.5	11.5	11	9.5	9.5	9.5	9.5**	8.5**	8.5**	8.5**	7.5**	7.5**
4	A_2B_4	9	7.5**	6**	3*	3*	1.5						
5	A_2B_3	9	10	9.5	8	8	8**	8**	7**	7**	7**	6**	6**
6	A_3B_2	6	6**	4.5**	1.5	1.5							
7	A_3B_6	4.5	8.5	8	6.5	6.5**	6.5**	6.5**	5.5**	5.5**	5.5**	4.5**	4.5**
8	A_3B_3	4.5	4.5**	3*	0								
9	A_3B_1	4.5	8.5	8	6.5**	6.5**	6.5**	6.5**	5.5**	5.5**	5.5**	4.5**	4.5**
10	A_3B_4	3.5	4.5**	3*									
11	A_1B_1	3.5	5.5	5**	3.5*	3.5*	3.5*	3.5*	2.5	2.5	2.5	1.5	1.5
12	A_1B_2	3.5	1.5										
13	A_1B_4	2.5	4**	3.5*	2	2	2	2	1	1	1	0	0
14	A_1B_3	2.5	4**	3.5*	2	2	2	2	1	1	1		
15	A_2B_5	2.5	4**	3.5*	2	2	2	2	1	1	1		
16	A_1B_6	2.5	3*	2.5	1	1	1	1	0	0			
17	A_3B_5	1	3*	2.5	1	1	1	1	0				
18	A_1B_5	0.5	3*	2.5	1	1	1	1					
			2	1.5	0	0	0						
			2	1.5	0	0							
			2	1.5	0								
			2	1.5									
			0.5										

注:表中 ** 表示差异达到 1‰的显著水平,* 表示差异达到 5‰的显著水平。

扦插时期对插穗成活率的影响

扦插时间	插穗总数	生根插穗数	成活率(%)
4 月 5 日	30	3	10.0
4 月 20 日	30	5	16.7
5 月 5 日	30	10	33.0

（续表）

扦插时间	插穗总数	生根插穗数	成活率（%）
5月20日	30	14	46.7
6月5日	30	18	60.0
6月20日	30	20	66.7
7月5日	30	19	63.3
7月20日	30	18	60.0
8月5日	30	16	53.3
8月20日	30	10	33.3
9月5日	30	5	16.7
9月20日	30	3	10.0
10月5日	30	1	3.3

试验结果表明，在一定遮光度和湿度条件下，用高浓度外源激素处理插条，在6月20日扦插繁殖成活率最高，达67%；扦插最佳时期为6月中旬至8月上旬。

（3）结论与讨论

① 遮光处理对蜡梅扦插成活率的影响。与对照相比，遮光处理后蜡梅扦插成活率有显著提高，其差异达到1%的显著水平；在两种遮光情况下［40%光照（一层遮光网）与16%光照（两层遮光网）］蜡梅扦插成活率的提高存在显著差异，其差异程度达到1%的显著水平。因此，适当遮光有利于蜡梅扦插成活率的提高。

② 外源激素对蜡梅扦插成活率的影响。与对照相比，采用高浓度激素快浸法处理蜡梅插条与低浓度激素慢浸法处理蜡梅插条，都能有效地提高扦插成活率。其中，高浓度激素快浸法可将蜡梅扦插成活率提高到60%以上；低浓度激素慢浸法处理后，蜡梅扦插成活率为50%左右。二者对扦插成活率提高的差异达5%的显著水平。4种高浓度激素配方中，500 ppm NAA溶液（浸泡插条20～30 min）和500 ppm NAA＋40%乙醇（浸泡插条5～10 s）对插条成活率的提高差异不显著，可见二者提高蜡梅扦插成活率效果一致。但这两种配方与其他配方相比，对蜡梅插条成活率提高效果好，试验结果达1%的显著水平。

③ 外源激素与遮光度对蜡梅插条的综合作用。激素配方与遮光度最佳组合为：500 ppm NAA溶液（浸泡插条20～30 min）与40%全光照，采用此种处理，蜡梅插条的成活率达到67%；第二为500 ppm NAA＋40%乙醇（浸泡插条5～10 s）与40%全光照，扦插成活率为60%；第三为25 mg/L NAA＋25 mg/L IBA混合溶液浸泡插条基部24 h与40%全光照处理，扦插成活率为52%。这三个组合提高蜡梅扦插成活率的差异达到1%显著水平。

④ 扦插时间对蜡梅扦插成活率的影响。由试验结果可知，蜡梅夏插的成活率比较高。最适时期为6月中旬到8月上旬。这可能与南京的气候条件和整个扦插过程的光周期变化有关。南京6月底至7月初是雨季，持续半个月左右，因而在整个扦插期间光照、温度、湿度适宜，雨量充沛，有利于插穗生根成活。8月虽然光照强、雨量少，但由于有遮光网和间歇喷雾设备，依然能保持较适宜的温湿度和光照条件，因而插穗依然较容易成活。而4至5月南

京气温尚未上升,且夜温极低,加上有遮光设备,光照不足,不利于插穗生根;9月下旬以后,由于气温下降,插穗成活率也降低。

综上所述,洁净基质、40%遮光度、间歇喷雾,配合高浓度激素配方 500 ppm NAA 溶液(浸泡插条 20～30 min)或 500 ppm NAA＋40％乙醇(浸泡插条 5～10 s)处理,在 6 月下旬到 7 月中旬扦插,能有效地将蜡梅的扦插成活率提高到 60％以上。

4.3　栽培管理

蜡梅以耐寒、耐旱、耐剪的"三耐"而著称,有怕风、怕水、怕徒长的"三怕"特性,因此有冻不坏、旱不死、不缺枝的"三不"说法。蜡梅耐寒力强,但不耐涝及盐碱,喜肥,故应选高燥、土壤深厚肥沃、排水良好的沙质壤土,若栽植于黏性及碱性土中均生长不良。精细的肥水管理及适当的整形修剪有利于蜡梅的生长和开花。

4.3.1　整形修剪

（1）整形

根据蜡梅的不同用途,可以将蜡梅整形成杯状型、主干型和灌丛型等。整形须从定植时就着手进行。

（2）修剪

① 冬季修剪。冬季修剪着重于疏剪,对主枝长出的副主枝和侧枝,如有生长不平衡的,进行适当短截和树冠回缩修剪,并剪除交叉枝、内向枝、下垂枝、病虫枝和枯枝。位置不当扰乱树冠的强枝自基部剪除。具体操作如下:将 3 个主枝各剪去 1/3,促使主枝萌发新芽,可从中选定侧枝。修剪主枝上的侧枝应自下而上逐渐缩短,使其互相错落分布。侧枝强者易徒长,花枝少,侧枝弱者不易形成花芽,应短截侧枝先端,在其上部形成 3～4 个中长小侧枝,下部形成许多小侧枝,都会产生大量花芽。疏剪过密的弱小枝,短截较强枝,留 2～3 对芽,弱枝留 1 对芽。

② 除萌蘖。实生苗从第三年开始,嫁接苗当年开始,每年都必须清除萌蘖。尤其是 4 月初至 10 月中旬,要经常检查,发现萌蘖及时除去。除萌蘖时要把土壤扒开从基部清除,不能留残桩,否则萌蘖更多。冬季要全面检查,彻底除去夏秋未除尽的蘖枝。

③ 抹芽和夏季疏剪。由于蜡梅枝干隐芽容易萌发,在早春萌芽后要及时抹去不必要的芽,这样可节省养分并减少冬季修剪工作量。树冠形成后,夏季,对主枝延长枝的强枝摘心或剪梢,减弱其长势。对弱枝则以支柱支撑,使其处于垂直方向,增强长势。对过密的枝条可以从基部适进行适当疏剪,使树冠通风透光,促进花芽形成。

④ 摘心。蜡梅枝梢在生长季摘心能促进抽生分枝和促使停止生长,形成花芽。由于枝条生长强度和摘心时间不同,产生的作用也不同。较强壮的枝条在较早的时间摘心,能促使二次枝和再次枝生长,并能在当年形成较多花芽。强枝 4 次摘心后可抽五次枝并在五次枝上当年开花。较弱的枝条在较迟的时间摘心,能促使枝条停止生长和促进花芽形成。摘心时间为 4 月中下旬,新梢长出 4 对叶片时至夏末。摘心长度根据需要决定,一般留 4～9 对叶。

4.3.2 肥水管理

（1）适时施肥

蜡梅属喜肥花卉,适时施肥能促进花芽分化、多开花。移栽时穴施复合肥;春季施两次展叶肥;6月底至入伏前,当新梢停止生长10天以后,施一次促进花芽分化的速效肥;伏天是花芽分化期,也是新根生长旺盛期,再施1～2次磷、钾肥,此时施肥宜薄宜稀,否则容易烧根;秋凉后施一次干肥,以更好地充实花芽生长;入冬前后,蜡梅含苞期,在剪取花枝之前,再施1～2次有机液肥,提供开花时所需的养分。花后再补充基肥,为之后的生长奠定基础。蜡梅施肥以磷、钾肥为主,少施氮肥,磷、钾、氮大体比例是2∶1∶0.5,这样施肥,蜡梅花大、花多且香浓。

（2）适量浇水

蜡梅的特性是耐旱怕涝,如水分过多、土壤过于潮湿,植株生长不良,影响花芽分化。因此,在雨季应特别注意防涝,如遇大雨,应及时排水,避免苗床积水而烂根。"三伏天"、高温季节要多浇水,保持植株正常生长,使花芽正常发育。花芽形成后,可大水大肥,使花芽饱满。花前或开花期尤其要注意必须适量浇水,如果浇水过多容易造成落蕾落花,但水分过少也会导致花开得不整齐。总体来看,蜡梅整个栽培过程中,除几个关键期外,其余时间应控制水分供应,保持土壤相对干燥,这样不仅有利于植株根系的发育,还能增加植株内细胞分裂素等激素的含量,使花朵鲜艳且花开长久。

4.3.3 病虫害防治

蜡梅的病害较少,虫害较多。常见病害有:蜡梅炭疽病、叶斑病、褐斑病、白纹羽病;虫害有蚜虫、介壳虫、刺蛾、卷叶蛾、八点广翅蜡蝉、大蓑蛾、日本龟蜡蚧、梨网蝽等。蚜虫在嫩梢、嫩叶、花蕾上吸食汁液,介壳虫在枝叶上吸汁,刺蛾、卷叶蛾咬食叶片、新芽、花蕾等。具体防治方法上要以预防为主,减少病虫害的发生。具体防治方法:①清除病枝叶,烧毁;②发病期喷洒波尔多液或多菌灵等药剂;③如发现上述害虫,可用50%杀螟松1 000倍液喷杀,为了减少对养花环境的污染,也可用土办法灭虫,如介壳虫可采用酸醋溶液杀灭,蚜虫可用洗衣粉溶液杀灭,少量的害虫可人工捕杀。

第 5 章 蜡梅的利用

蜡梅用途广泛,除用作观赏栽培外,还具有其他多种用途。

5.1 园林绿化

寒冬腊月,万花凋零,唯有蜡梅傲霜斗寒,开花吐香,为冬季重要园景花木。蜡梅多以地栽方式用于布置花坛、花境,点缀建筑物、道路,美化环境。蜡梅种植形式多种多样,显得自然洒脱。因其植株不高,多用于园林配植点缀。

5.1.1 孤植

孤植在植物造景中用于突出主干树种,常选用小乔木或花灌木作为独立树,树种选择上通常采用品种珍稀、有特别纪念意义、树姿独特或开花特别繁茂具有观赏价值者。蜡梅可在视野宽阔的草坪中点缀、孤植形成小品,因其花形花色独特、气味芳香,在寒凝大地、百花凋零的严冬时节,令人不得不敬佩其傲骨风姿。

5.1.2 列植

列植的形式也有很多种,单一树种成排种植,也有在大树下方或前方种植小乔木、灌木,形成多层次的列植树。蜡梅可作为丛生花灌木为街道绿化所用,也可以培育成小乔木作为行道树种列植,如南京明孝陵升仙桥前的蜡梅就采用列植的种植形式。

5.1.3 丛植

蜡梅与松、竹等常绿植物配置可体现冬季景色,如与红梅混植,则姣黄嫩红交相辉映。苏州园林中,蜡梅常与火棘、翠竹、南天竹等树种在窗下配置,通过漏窗形成半掩半露之景,构成黄花红果相映成趣、风韵别致的景观。在建筑正面门口、两侧以及中心花坛处的园林绿化配置中,蜡梅均可使用丛植的形式。

5.1.4 群植

在山坡丘陵、公园假山旁、湖畔溪畔以及道路旁等处群植蜡梅,冲寒吐秀,冷香远溢,更引人入胜。园林中通常采用蜡梅、鸡爪槭、黄杨、月季、牡丹、金钟花、红叶李等树种混栽,构成不同层次、不同物种的灌乔混合配置群落。采用自然式栽植方式,高低相配、错落有致,营造姿态、花色各异,相映成趣的花坛,具有多物种、多层次、花期长等特色。

5.1.5 片植

　　规模化片植,形成蜡梅花林、梅山、梅园、梅圃等大型景观,具有面积大、品种多、花期长等特点,成为人们游玩散心、健身之地,如南京明孝陵、鄢陵蜡梅园等。由于蜡梅根系发达,生长适应性及根部萌蘖力强,规模化种植也可起到保持水土和防风固沙的作用。

5.2 盆栽观赏

蜡梅可作为盆栽，或折枝整干培养成疙瘩梅、悬枝梅、屏扇梅等各种造型的景桩。鄢陵已有近千年制作蜡梅盆景的历史。清代汪为熹《鄢署杂抄》一书称，鄢陵蜡梅造型盆景"高仅尺许，老干疏枝，花香芬馥，置之书几之旁，雅致韵人，堪供赏玩"。创作蜡梅造型盆景一般有3种方法，一是将树龄3年以上的小型植株用"滚刀法"通过人为刻伤，使之形成屏扇或球状或其他各种仿物形状，尔后盆栽培育，形成盆景。二是用数十年乃至数百年以上之古梅树根，经过加工成仿物形。在盆中培育新枝，用嫁接法制作出龙游型、悬枝型、垂枝型等。三是用绑缚法，将蜡梅的枝条在尚未木质化前用绳带绑缚，使其按照设计生长，从而将枝条培育成龙游形或传统的"福""寿""喜"等字形。

5.3 切花生产

蜡梅花期正值冬季和早春缺花时节,是切花插瓶的优良材料。其香气别具一格,色香兼备,花期悠长,自古受人们所喜爱。《广群芳谱》引《花史》云蜡梅"若瓶一枝,香可盈室"。在中国古典园林建筑中,厚重的木质条几、案桌上,古色古香的花瓶中插上几支蜡梅,更添古典气息,花经久不凋、香气扑鼻,为环境平添雅致特色。

5.3.1 切花品种的选择

王菲彬(2004)应用层次分析法(analytic hierarchy process),对 35 个蜡梅品种观赏性状进行综合评价,挑选出适合切花应用的蜡梅品种。

实验中,依据蜡梅的观赏特性,选定了 9 个评价性状,建立完全相关 4 层分析结构模型:最高层 A——目标层,通过根据人们的审美评价及市场调查结果,确定所要选择出的最佳切花蜡梅品种;第二层 B——约束层,限制蜡梅作为切花观赏的主要因素,本评价系统中,选择作为切花观赏所应具备的质量性状、数量性状、影响销售价格的花期、整体观赏效果,及影响人们采购心理的稀有度,作为 A 层的约束层;第三层 C——标准层,是具体的评价指标,隶属于各性状 B 的主要评价因素,其中包含了 D 层;第四层 E——最低层,为待评价的蜡梅品种,如下图。

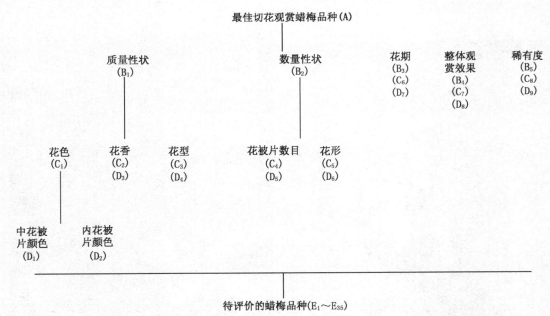

注:其中"花被片数目"是指中、内花被片数目之和。

切花蜡梅品种考察性状

为了应用方便,对各评价因素采用了评分的办法,拟定了 3 分制的评价标准;构成由总目标、主要性状、评价因素、评分标准等组成的多层次评价系统。只要确定了各品种对于评价因素的得分值,根据其权重值即可计算出该品种的综合评价值。各性状的评价标准见下表。

切花蜡梅性状评价

编号	性状	性状评价标准及分值		
		3	2	1
1	中花被片颜色	蜡黄或金黄色	黄色、淡黄与白色	绿色
2	内花被片颜色	素色	紫晕、紫纹、紫斑	浓紫色
3	花香	浓香	香(包括淡香、微香)	不香
4	花径	>35 mm	20～35 mm	<20 mm
5	花被片数目	>20	10～20	<10
6	花型(花被片翻卷度)	内曲或反卷	稍内曲或稍反卷	不卷曲
7	花期	10—12 月(早)	12 月—2 月(中)	2—4 月(晚)
8	整体观赏效果(花朵密度)	密	一般	疏
9	稀有度	稀有	少见	常见

通过判断矩阵及一致性检验和相对重要度的计算,得出各评价因素对所隶属性状的权重值,列出综合评价表如下。

综合评价表

B 层次	B_1 0.467	B_2 0.086	$B_3(D_7)$ 0.226	$B_4(D_8)$ 0.186	$B_5(D_9)$ 0.036
C 层次	C_1 0.455	$C_2(D_3)$ 0.455	$C_3(D_4)$ 0.090	$C_4(D_5)$ 0.500	$C_5(D_6)$ 0.500
D 层次	D_1 0.125	D_2 0.875			

再将 35 个蜡梅品种先逐个按照"切花蜡梅品种考察性状"图所列的各个标准进行评分,再根据各因素的权重值按层次顺序计算出各个品种的综合评价值。

结果显示,'蜡素''蜡盘波''金磬口'蜡梅等,以其大花、异香、优美的花型及较早的花期而得到最高综合评价值。香气淡且观赏性较差的蜡梅原种和'尖被''尖虎蹄'等评价值较低。

5.3.1　切花蜡梅圃的选择与建立

(1) 建圃原则

因园圃功能有别,观赏性蜡梅园尽管可以疏剪部分花枝作切花,但决不能取代切花蜡梅圃。为获取高产、优质蜡梅切花供应市场,必须从长计议,辟建专门的切花蜡梅圃。圃地应选在离城镇较近、交通方便、排灌良好、土层深厚的地带(土壤 pH 6～7)。现有公园、风景区内也可辟一角封闭起来作切花蜡梅圃。园圃面积视环境条件和经营规模而定;花圃应有围墙保护,圃内允许兼种其他花卉。当蜡梅盛开时,还可出售门票开放园圃供赏蜡梅。

（2）园圃的建立

蜡梅喜光而耐阴,较耐寒,冬季气温不低于-15 ℃就能在露地安全越冬。但花期如遇到-10 ℃低温,开放的花朵常受冻害。蜡梅耐旱,有"旱不死的蜡梅"之说。建立圃地时,尽量顺应其生物学特性,可对土壤进行适度改造以迎合其生长需求。

苗圃地的选择:背风向阳、日照好、排水良好的平坦地或坡度小于3°的缓坡地。以石砾少、吸水吸肥能力强、疏松、深厚、透水通气性良好的中性或微酸性沙壤土为好,忌黏土和盐碱土。

给排水条件:保证能随时供应充足、水质符合要求的生产性用水(含盐量不超过0.10%～0.15%)。苗圃地下水位在1.0 m以下,这一点对蜡梅种苗繁育来说尤为重要。

其他:尽量利用天然防护林或建筑物作风障;并进行病虫害调查和周边环境条件如空气和水污染等情况的调查,以避免病虫害的发生和生长过程受污染物侵害。

苗圃地的准备。① 整地。秋冬季节进行整地,做到土地平整、全面耕翻、均匀碎土、无大草根及石块。整地深度以25～30 cm为宜,嫁接苗和自根苗圃以30～35 cm为宜。整地前施足底肥,以细黄土加蛭石对半拌匀,用1%高锰酸钾消毒,平铺5 cm厚作播种基质,作平畦。苗木出圃后的苗圃地,应及时深翻一次,耙细耙平,来年用作苗床。

② 土壤消毒。常用药剂及使用方法如下。

硫酸亚铁,在播种前5～7天将其捣碎,均匀撒在播种地上,用量为20 kg每亩(合30 g/m²);也可用2%～8%的硫酸亚铁水溶液浇洒。

五氯硝基苯混合剂,为五氯硝基苯(75%)和代森锌或其他杀菌剂(25%)混合,4～6 g/m²,与细土混合做成药土,在播种前均匀撒在播种床。

熏蒸消毒。常用福尔马林、三氯硝基甲烷、甲基溴化物等,浓度为1%,6～12 kg/m²施洒水溶液。消毒时将药物喷洒在土壤表面,并与表土拌匀,然后用塑料薄膜密封,熏蒸24～30 h后撤去覆盖,通风换气15～20 d后方可播种。土壤消毒也可用硫磺烟熏蒸。

其他消毒方式。将一些杀虫或杀菌剂拌土,如5%西维因或5%辛硫磷,以2～4 kg每亩(合3～6 g/m²)拌土或拌肥料施撒,以灭杀土壤或肥料中的害虫。

③ 作床(畦)。床宽3 m,床距40 cm,床长85 m左右,每隔20 m留1 m左右床距,以便管理;由于蜡梅耐干旱而怕涝渍,苗床的高度应设至40～50 cm,并要开好排水沟,防止雨季因积水而烂根。

④ 建立苗圃地档案。档案内容包括:苗圃原始地貌工程图、规划设计图、建成后的苗圃平面图和附属设施图;土壤类型、各区的土壤肥力状况以及土壤肥水变化档案(包括营养土配方等);各作业区苗木种类、品种记载和位置图,母本园品种引种名单、位置;每次苗木销售种类、数量以及苗木销售的市场需求;轮作计划和实际执行情况,以及轮作后的种苗生长情况;繁殖方法、时期、成活率和主要管理措施(肥水、病虫防治)。

5.3.2 切花蜡梅栽培管理技术

（1）定植栽培

切花蜡梅的栽植与一般地栽蜡梅相似,其不同处是:尽量节约土地,横直成行,矮干密植,以提高单位面积的花枝产量。切花用途的蜡梅苗一般培育成一主干三分枝的树形。主干高约 150 cm,枝长 110 cm。可采取方形栽植,行株距均为 3 m;或采用长方形栽植,行距为 4 m,株距 2 m。定植时分品种栽,同一品种集中栽植成行,以方便管理和剪取切花。

（2）整形修剪

① 整形。作切花用途的蜡梅植株,树形以单根树干的自然开心形为好,育成方法的重点是形成并维持主干及骨干枝,其整形需从定植时就着手进行。

定植的嫁接苗最好在嫁接当年养成单根的粗壮枝,栽时剪留 50～80 cm 定干。栽后第一年冬季,选择靠近剪口的 2～4 个健壮枝作主枝,留 30～50 cm 强剪,剪口下第一对芽注意两侧分布,以培养向四周扩张的副主枝,其余枝条适当疏剪,留一部分作辅养枝和切花枝。第二年冬季对主枝剪口附近的枝条用同样方法再度短截作副主

枝,促使在副主枝上长出主要侧枝,至第三年冬即形成自然开心形的枝干骨架。树势旺盛的植株可在第一年生长期,当主枝长出 4～6 对叶时进行摘心,长出强壮的二次枝作为副主枝,这样可提早形成树冠骨架。定植实生苗一般用二年生植株,栽时选一根粗壮枝按上述方法定干,

其余自基部剪除。为了培养树干较高的树,实生苗可利用定植 2～3 年后从基部长出的强徒长枝更新全树,其他枝干从基部去除,这样,干高可以达 1.2 m 以上。不论实生苗还是嫁接苗,定干修剪时如果干高不够,可将剪口下对生的芽除去一个,选留能保持垂直生长的壮芽以延长高度。嫁接苗注意第一年芽留在与接口相对的方向,第二年芽留在与第一年芽相对的方向。

多年丛生的蜡梅树,可选留 1～3 个树干,其余均从基部除去,留下的树干根据长势强弱和需要,在适当高度短截,逐年改造成主干明显、中心开展的树形。

② 修剪。为满足切花欣赏的需要,切花蜡梅在修剪时,应注意以下方面:修剪各主枝时,强枝多剪,弱枝少剪,使枝上留芽多,尽快生成花枝,满足提早切取出售。幼树阶段为减少养分消耗和通风透光,应剥去过密或无用的芽,并经摘心处理,调节生长。已开花的蜡梅树,整形修剪应在花后进行,先从基部强剪内膛枝、过密枝、枯枝、病虫枝,以增强树势;然后对枝多而细者疏剪,枝疏而粗者剪时留长,促使多发花枝。对发育枝掌握长枝留长、短枝留短的要领。为避免一年生枝直上徒长,在 5 月中下旬适当短截,促发二次枝,二次枝上当年也能形成花芽。这种处理方式可以增强

花枝的层次。中短花枝、花束枝,特别是弯拐曲折枝应尽量保留,后者是艺术插花难得的花材。

(3)肥水管理

精细肥水管理对于三年生蜡梅植株发枝情况的作用远大于整形修剪。适当的整形修剪加上精细的肥水管理,有利于春夏梢的形成,又能减少徒长枝的发生,为花枝形成奠定物质基础。

蜡梅对水肥要求并不高。春季每周浇水一次,每半月施一次磷钾肥,以促进蜡梅生长。夏季每天浇一次水,不用施肥;夏季施肥会导致烧根,还可能造成徒长。秋季每隔 4～6 天浇一次水,保持土壤湿度,以利于蜡梅生长。冬季可每隔 10 天左右浇一次水,入冬时可施一次腐熟的有机肥。

5.4 其他用途

蜡梅不仅观赏价值高,而且还有较高的药用价值。明代李时珍撰《本草纲目》载:"蜡梅花……辛,温,无毒。……解暑生津"。明代徐光启撰《农政全书》、清代吴其濬撰《植物名实图考》等古农书均有对蜡梅的描述与药用的记述。《中国蜡梅》一书中写到:"蜡梅根、茎、叶、花、蕾、果均可入药。根皮外用治刀伤出血,根主治风寒感冒、腰肌劳损、风湿关节炎、疮疖、疝气、肺脓病诸症。叶外用治疮疖。花蕾及花可解暑热,治头晕、呕吐、气郁胃闷、麻疹、百日咳等病。花浸菜油制成的蜡梅花油可治烧伤、烫伤和中耳炎。果实有健脾止泻功效,常用于治疗腹泻、久痢等症。"蜡梅花可提芳香油入药,有解暑、生津、顺气、止咳之效,还可采鲜花窨茶。

蜡梅香味独特,花中含有挥发油,是植物香料中的上品。蜡梅花中含的挥发油有龙脑、桉油精、芳樟醇、洋蜡梅碱、异洋蜡梅碱、蜡梅甙、α-胡萝卜素、亚油酸、油酸等化学成分,提取出的芳香油让人们一年四季都能闻到蜡梅花香,其开发成本也比其他花卉低。对于蜡梅芳香油的开发和利用,目前世界各国还都处在研究阶段,我们应利用现有的资源优势,大力发展蜡梅芳香油产业,使之成为能够出口创汇的新兴民族产业。

"蜡梅入肴幽香来",蜡梅花亦可食用,有保健去病、益寿延年的作用。何国珍编著的《花卉入肴菜谱》就列有蜡梅豆腐汤、蜡梅玻璃鸡片等花馔品种。蜡梅花可作菜肴配料增加美味和香气。鄢陵还开发出了具有"蜡梅文化"特色的系列白酒,如:蜡梅国窖、蜡梅原浆、蜡梅古酒等,还有"蜡梅园"纯净水等饮品系列。

第6章 蜡梅品种分类系统

近年来蜡梅研究取得了大量成果,但相对于其他著名花卉还存在较大差距,尤其是品种分类研究方面尚未统一认识。蜡梅品种分类的研究对于全面了解其观赏特性、生态习性、生物学特性,促进其栽培繁育、推广利用,都有着十分重要的意义。

6.1 蜡梅品种分类研究回顾

6.1.1 蜡梅品种分类历史

较早记载蜡梅品种的书籍为宋代范成大的《范村梅谱》,书中记载了狗蝇梅、磬口梅及檀香梅3个品种(其中狗蝇梅又称狗牙或九英);宋代陈景沂在《全芳备祖》中也提出了狗蝇梅、磬口梅及檀香梅等品种;北宋苏轼的《蜡梅一首赠赵景贶》中写道:"君不见万松岭上黄千叶,玉蕊檀心两奇绝",可见当时已有玉蕊、檀心两个品种;南宋《咸淳临安志》提到蜡梅有数个品种,以檀心、磬口为最佳;明代文震亨《长物志》也有"磬口为上,荷花次之,九英最下"的评价;明代王世懋《学圃杂疏》中有"蜡梅……出自河南者曰磬口,其香、色、形皆第一,松江名荷花者次之,本地狗蝇下矣"的说法,说明此时蜡梅品种分类已经有了一定的地域性;李时珍在《本草纲目》中也有大致相同的记载,但更注重对蜡梅形态特征的描述;清初陈淏子的《花镜》也将蜡梅划分为磬口、荷花、狗英;乾隆年间《云南通志》提到当地蜡梅有磬口、雀舌两个品种;《光绪顺天府志》记载蜡梅品种有九英、磬口、檀香;而记载蜡梅品种最多的应属汪灏《广群芳谱》,共有狗蝇、磬口、檀香、荷花、九英5个品种;民国年间的《湖北通志》中也记载了当地旧陈黄梅,品种有三,檀香者为上,磬口次之,九英最下。

由此可见,前人已经根据观赏价值、形态特征对蜡梅品种进行了划分。尽管品种划分数量较少,也没有形成一定的系统,但对于我们了解蜡梅的栽培历史、品种起源及演化有十分重要的作用。

6.1.2 蜡梅品种分类现状

近代黄岳渊、黄德邻的《花经》首先提出了蜡梅品种分类体系,即蜡梅分为两类,一为素心类,有磬口蜡梅、早黄蜡梅等品种;二为晕心类,即狗蝇蜡梅,并观察到此类蜡梅花瓣有圆瓣、尖瓣、磬口及翻口的变化。

新中国成立后,冯菊恩教授对蜡梅进行了数十年观察,共调查蜡梅品种50余个。并根据蜡梅花易变之特点提出:按花期可分为早花种、中花种及晚花种;按内轮花被片颜色可分为素心、红心及乔种类;按花朵直径大小可分为大花种、中花种及小花种;以花被颜色来分有杏黄、金黄、土黄、黄绿及白黄;以花盛开时花被的张开状况可分为张开型及磬口型等;按花香又可分出清香偏甜、玫瑰甜香等6种类型。虽然观察相当细致,划分清晰,但系统过于烦琐,在实际中难以应用。

张灵南等(1988)提出蜡梅品种、类型的花部性状编码鉴别法,以花色、花姿、花期、花直径等性状划分品种。此法所划分的蜡梅品种名称不符合我国关于花卉的命名习惯,并且也未形成分类系统。但值得一提的是,此法体现了将数量分类学方法与花卉品种分类相结合的新思路。

陈志秀等(1987)将蜡梅品种划分为蜡梅品种群、磬口蜡梅品种群和素心蜡梅品种群,各品种群下又有几个至几十个不同的栽培品种。

张忠义等(1990)利用模糊聚类的研究方法,将鄢陵素心蜡梅划分为13个品种类群,为鄢陵素心蜡梅类品种的进一步定名研究提供了数量学依据。

赵天榜所著的《中国蜡梅》(1993)将中外被片颜色作为蜡梅品种第一级分类标准,内被片紫纹作为第二级分类标准,提出蜡梅品种分类系统,分为蜡梅品种群、白花蜡梅品种群、绿花蜡梅品种群及紫花蜡梅品种群,再根据内被片颜色细分为不同的类型。书中共记载了 4 个蜡梅品种群、12 个蜡梅品种型和 165 个蜡梅品种。不足之处一是现实中紫花蜡梅并不存在,二是分类系统较烦琐,各品种间无明确的形态区分,导致实际操作性不强。

姚崇怀等(1995)指出蜡梅品种分类应遵循三个原则,即科学性、可操作性和弹性,同时提出了初步的分级分类标准,及蜡梅花品种分类系统的基本框架。他将种型作为第一级分类标准,内被片颜色、花朵开放状态及花型、花被片形状依次为二、三、四级分类标准,而花期、花色、花朵大小、香气、花被片变态作为第五级分类标准。但此系统分类等级过多,实际中应用较困难。

陈志秀等(1995)采用排序方法和类聚分析法,对其测定出的 17 个蜡梅品种过氧化物同工酶酶谱进行了定量分析,从分子水平上探索蜡梅品种的划分,在国内还属首创。

陈龙清等(1995)提出以花大小、花型、花色及内被片紫纹作为 4 级分类标准,将武汉地区蜡梅划分为 3 类 5 型 16 个品种。2001 年将蜡梅分成小花蜡梅类、中花蜡梅类及大花蜡梅类,下按素心、乔种及红心确定型,而后又用聚类分析法,验证了以花的大小作为品种分类第一级分类标准的可取性,也证明了其品种分类系统有一定的合理性。2004 年又提出蜡梅品种分类的第一级分类标准以种型为基础,分为蜡梅系、亮叶蜡梅系及杂种蜡梅系;第二级分类标准以花大小为基础,分为小花蜡梅类、中花蜡梅类、大花蜡梅类;第三级则以传统的花内被片紫红色纹为基础,建立了新的蜡梅品种分类体系。

赵凯歌(2004)等利用 Q 型聚类分析法和主成分分析法对南京地区蜡梅进行研究,将花的大小作为分类的第一级标准,同时提出花的大小应以中轮花被片的长度来衡量,而不是传统分类中所用的花径大小。不足之处在于花内被片紫纹这一性状在传统分类中十分重要,而它在此方法中居于相对次要位置,没有体现出其应有的重要性。这也说明数量分类方法的应用必须与专业知识相结合。另外,该研究取材仅限于南京地区,研究者没有用此方法对其他地区的蜡梅品种分类进行验证,因而也没有建立完整的蜡梅分类体系。

杜灵娟(2006)对南京地区 38 个蜡梅品种进行 RAPD 分析,其结果与形态学分类结果吻合,证明花色可以作为较高级分类标准,但按花期与内被片颜色这两个性状的分类未得到 RAPD 分析的支持。据此,将中外部花被片颜色、内部花被片颜色分别作为第一、第二级分类标准,建立了新的品种分类体系,即蜡梅品种群、白花蜡梅品种群、绿花蜡梅品种群,蜡梅品种群又划分为素心蜡梅、乔种蜡梅、红心蜡梅,白花蜡梅品种群划分为白花素心、白花乔种、白花红心,绿花蜡梅品种群划分为绿花素心、绿花乔种。

孙钦花(2007)根据内被片有无紫纹,将蜡梅品种划分为三个品种群:素心蜡梅品种群(Concolor Group)、乔种蜡梅品种群(Intermedius Group)和红心蜡梅品种群(Patens Group)。同时还对南京地区的 45 个蜡梅品种进行数量分类研究,研究结果与形态学观察基本一致,论证了中被片长度与内被片紫纹这两个性状作为蜡梅品种分类标准的相对重要性,认为内被片紫纹应作为划分蜡梅品种群的一级标准,其他性状可以作为次级分类标准。

赵冰等(2007)在对蜡梅品种进行聚类分析和主成分分析的基础上,提出将内被片颜色和中被片的形状及其长宽比分别作为蜡梅品种分类的一、二级标准,将蜡梅品种分为素心、紫心和绿心三大类。

综上所述,蜡梅这一我国特产的传统名花的分类研究系统亟待完善,至目前尚未建立品种演化与实际应用兼筹并顾,而以前者为主的中国蜡梅品种二元分类体系。

6.2 蜡梅品种分类研究方法

蜡梅品种分类通常是采用经典的分类方法。近年来,模糊聚类、分子标记等方法也已应用于蜡梅品种分类研究。

6.2.1 形态分类

蜡梅品种形态学研究主要集中在花部形态及特征的比较研究,如花色、花径、花型、中被片形状、花期等,以此作为区分蜡梅品种的重要标准。

(1)花色(中花被片颜色)

花色特指花朵中、外花被片颜色,它是由系列多基因控制的一种相对稳定的质量性状,是园艺植物重要的观赏要素和分类性状。蜡梅花色稳定,不受立地条件的影响。但是蜡梅在开花过程中,花被片颜色逐渐变浅。为了克服这一变化引起的误差,每个品种标准花色以树冠中上部向阳面花朵盛开时的颜色为标准,同时记载初花期和末花期花色作为参考,对于开花过程中花色变化显著的,在"蜡梅品种记载表"备注栏详细记载。蜡梅中花被片颜色可以分为蜡黄色、金黄色、黄色、黄白色、白色、绿色等,以中国色彩学中习用色彩名称进行描述,同时参考英国皇家园艺协会的色谱标准,统一记载。

(2)内花被片颜色

蜡梅的内花被片颜色是传统分类中通常被重视的形态依据之一。这个性状呈现出连续变化的趋势,但由于蜡梅花的黄色颜色较浅,故内被片的紫红色就特别显眼、易于察觉,传统上人们也就常以此来分辨品种。通常根据内被片紫红纹的有无和深浅,分为素心、乔种、红心。

(3)花径

花径是一种微效多基因控制的数量性状,主要受栽培条件的影响。蜡梅品种调查中发现,按照花径大小划分出大花类蜡梅、中花类蜡梅、小花类蜡梅具有明显的局限性,因为蜡梅花花径大小受花被片的开展程度、花开放的时期、测量方法等因素的影响,比如初花期,花被片多内含,花径较小,盛花期后花被片会逐渐开展,表现为花径较大,在实际调查中往往由于不能在盛花期测量导致花径数据有误差,不利于实际操作;而且在调查中发现,栽培条件不同,同一品种的花径也有很大差别,比如南京明孝陵中植株较多的'乔种'在土壤条件好的区域,其花朵直径可达 2.5 cm,在土壤条件相对较差的区域,花朵直径一般为 1.7 cm 左右;另外,不同年份,同一植株表现的花径性状差别也很大,调查的第一年中表现为中花性状的同一植株,在第二年调查中则表现为大花性状。因此,花径这一性状在品种鉴定中要综合考虑。

(4)花型

蜡梅品种的花型也有所差别,大部分品种具有各自的代表性花型,根据花被片开展状况,可分为铃铛型、磬口型、碗型、钟型、盘型、圆锥型(蜡梅型)、荷花型等。花型也是蜡梅品种区分的重要标准,尤其是磬口型和荷花型是比较特别的花型。

部分品种的花型也会随开花时期不同而有所差别。开花初期,花型一般不开展;盛花期花型表现为钟型或碗型的品种,常于末花期表现为开展盘型。

（5）中被片形状

中被片形状表现为形态特征及皱缩、翻卷等性状的差异。蜡梅中被片顶端有钝尖形及钝圆形两种类型,据此将蜡梅品种划分为圆被类和尖被类;中被片顶端是否翻卷也有差别,有的品种中被片直伸、不翻卷,如'飞黄''孝陵'等,有的品种顶端翻卷明显,如'卷被素心''卷被金莲'等;有的蜡梅品种中被片皱缩明显,边缘呈波状起伏,如'冰莲''晕心波皱'等品种。中被片顶端翻卷或边缘皱缩也是蜡梅品种分类的重要标准之一。

（6）花期

同一立地条件下,蜡梅品种的花期差异也很明显。早花类蜡梅品种初花期在11月份,盛花期在11月末至12月上中旬,如'早蜡'等品种;中花类蜡梅品种初花期主要在12月下旬,盛花期在1月上中旬,如'金珠''金钟黄'等品种;晚花类品种初花期在2月上旬,盛花期主要在2月中下旬,如'晚素''晚紫'等品种。

6.2.2 数量分类

数量分类是将数学的方法和计算机技术引入到植物分类学研究中,更为客观,近年来已应用于多种观赏植物的品种分类中,并获得了比较理想的效果。这一分类法以数量化的方法评价类群间的相似性,从而克服了以往比较形态学仅以个别性状之间的相似性来比较生物之间的遗传关系而带来误差的缺陷,可以根据数量化的相似性把相应的类群归入更高阶层的分类群。

采用数量分类对南京地区的45个蜡梅品种进行分类研究(孙钦花,2007),具体如下。

（1）性状的选取与编码

选择具有显著差异且能反映品种特性的14个性状特征并进行编码,如下表。

性状特征及编码

编号	性状	编码类型	详细编码情况
1	花瓣是否波皱	二元性状	否0,是1
2	中被片顶端是否翻卷	二元性状	否0,是1
3	中被片长度	数值性状	—
4	中被片长宽比	数值性状	—
5	花径	数值性状	—
6	花高度	数值性状	—
7	中、内被片总数	数值性状	—
8	雄蕊数目	数值性状	—
9	花瓣伸展方式	有序多态性状	半含0,直伸1,斜展2
10	内被片紫纹	有序多态性状	素心0,乔种1,红心2
11	着花密度	有序多态性状	稀疏0,中等1,密2

（续表）

编号	性状	编码类型	详细编码情况
12	花色	有序多态性状	黄白0,浅黄1,黄2,深黄3,黄绿4
13	花期	有序多态性状	早0,中1,晚2
14	中被片顶端尖形与否	二元性状	否0,是1
15	中被片顶端圆形与否	二元性状	否0,是1

（2）OTU 性状记载及标准化处理

根据对45个品种性状的详细记载,编制品种性状编码表。用 Excel2003 软件进行平均值以及标准差计算后,对以上45个分类单位性状记载原始数据进行数据标准化处理。

（3）Q 型聚类结果与分析

分别采用最长距离法（farthest neighour）、类平均法（UPGMA）、中间距离法（WPGMA）、最短距离法（nearest neighour）和重心法（centroid）进行聚类分析,得出的聚类结构图有所差别。以聚类树系图最清晰的最长距离法分析,Q 型聚类分析结果如下图。

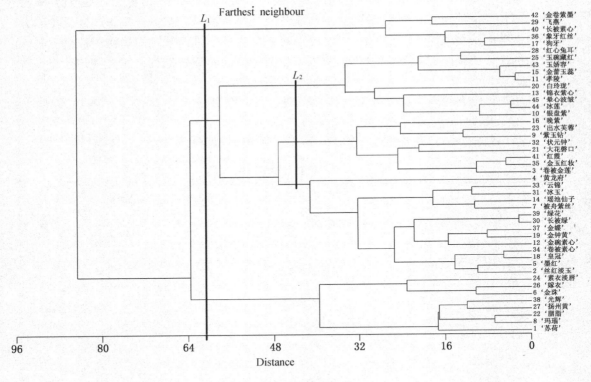

Q 型聚类树系图（最长距离法）

结合线 L_1 将45个不同的基因型,按照中被片长度不同划分为3大类,第一类有'金卷紫墨''象牙红丝''狗牙''飞燕''长被素心'5个品种,共同的特征为中被片长度明显长于其他品种,花被片都大于1.9 cm;第二类有'苏荷''玛瑙''胭脂''扬州黄''光辉''金珠''嫁衣''素衣淡唇'8个品种,共同的特征是中被片长度明显短于其他品种,花被片长度都小于

1.5 cm;第三类为其他品种,中被片长度范围在 1.5～1.9 cm。

结合线 L_2 将第三类——中被片长度中等的类群分为 3 类,第一类主要有'红心兔耳''玉碗藏红''玉娇容''金蕾玉蕊''孝陵''银盘紫''锦衣紫心'等花型为平盘型的内被片被紫纹的品种;第二类有'晚紫''出水芙蓉''状元钟''大花磬口''红霞''金玉红妆''卷被金莲'等花型为碗型的内被片被紫纹的品种;第三类主要有'冰玉''绿花''长被绿''金钟黄''金蝶''金碗素心''卷被素心''皇冠'等花被片无紫纹的素心类品种。因此,结合线 L_2 主要按照花型和内被片紫纹进行聚类。

（4）R 型聚类结果与分析

R 型聚类分析同样分别采用五种方法进行聚类分析,得出的聚类结构图也有所差别。同样采用最长距离法分析 R 型聚类结果,如下图。

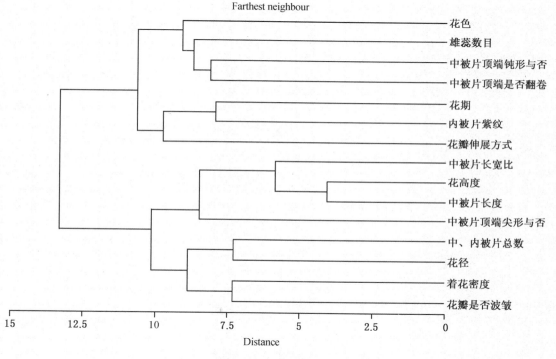

R 型聚类树系图(最长距离法)

从最长距离法 R 型聚类树系图中,可以看到"中被片的长度"与"花高度"具有相关性,这反映了蜡梅的中被片长度越长,花的高度越大。

"花径"与"花被片总数"具有明显的相关性,调查中发现,蜡梅品种花被片数越多,花型越厚重,整体花径越大,这一结论同形态学分类结论相同,也具有较强的逻辑性,证明了 R 型聚类分析结果的可靠性。

"中被片顶端是否为钝圆形"与"花被片顶端是否翻卷",显示具有明显的相关性,这说明花被片顶端翻卷的品种,通常其中被片为椭圆形或卵圆形,即其中被片顶端为钝圆形,同样在形态学调查中也发现了这一规律。

研究结果显示,对于以前文献中认为的"蜡梅花被片要么又长又宽,要么又短又窄"的结论应有所质疑,因为实验中有些蜡梅品种中被片长度越长,宽度反倒越窄,比如'狗牙''长被素心'等;而有些品种的中被片是卵圆形,虽然长度不如'狗牙''长被素心'等品种长,但是宽度却比这类品种宽。因此,"中被片长度"与"中被片宽度"不成相关性。另外,从 R 型聚类树系图上可以看出,"着花密度"与"花瓣是否波皱"具有相关性,"花期"与"内被紫纹"具有相关性,从逻辑角度来看,这两对性状并没有任何逻辑关系,因此此结果可能只是由于选取品种种类的巧合。

(5) 性状的主成分分析

对 45 个基因型 14 个性状(15 个编码性状)进行主成分分析,取得各主成分的特征值、贡献率及累计贡献率,取累计贡献率大于 80% 的前几个主成分(见下表)。

重要主成分的特征值及贡献率

主成分	1	2	3	4	5	6	7
特征值	3.031	2.365	1.758	1.490	1.084	1.333	1.451
贡献率	21.143	16.499	12.263	10.394	7.563	7.316	6.452
累积贡献率	21.143	37.642	49.906	60.300	67.863	75.179	81.631
花瓣是否波皱	0.002	0.122	−0.507	0.163	−0.334	0.834	−1.110
花瓣伸展方式	−0.073	−0.222	−0.518	0.066	0.423	0.286	1.156
中被片顶端是否翻卷	−0.152	0.233	0.204	−0.015	−0.392	−3.314	2.440
内被片紫纹	0.191	0.017	0.083	0.532	−0.258	1.080	0.601
着花密度	−0.014	0.255	−0.409	0.054	−0.335	−1.922	−2.715
花色	−0.096	0.246	0.197	0.285	0.333	−1.475	−3.678
花期	−0.066	−0.04	0.126	0.707	0.136	0.001	0.648
中被片顶端尖形与否	0.483	−0.257	−0.054	0.080	−0.124	−1.185	0.268
中被片顶端钝形与否	−0.483	0.257	0.054	−0.080	0.124	1.493	0.086
中被片长度	0.174	0.249	0.059	−0.085	0.078	−0.034	−0.352
中被片长宽比	0.478	0.040	0.048	−0.130	0.018	1.898	−1.035
花径	0.209	0.346	−0.342	−0.041	0.364	−2.126	1.713
花高度	0.364	0.377	0.251	−0.125	0.120	0.542	0.032
中、内被片总数	0.086	0.492	−0.097	0.182	0.080	0.778	1.252
雄蕊数目	−0.114	0.233	−0.062	−0.120	−0.239	3.143	0.692

对上表进行分析,第一主成分中"中被片顶端尖形或钝形"的系数最大,因为蜡梅中被片有宽披针形、窄披针形、窄椭圆形、宽椭圆形、卵圆形几种,中被片形状不同是蜡梅品种鉴别中的一个主要特征,披针形与椭圆形的区别即在于顶端是尖形或是钝圆形,所以这是区分蜡梅中被片形状的主要性状之一。

第二主成分"中、内花被片总数"系数最大,因为在形态学调查中,也发现蜡梅品种有的花型单薄,如'乔种''孝陵'等,有的花型紧凑厚重,如荷花形的'卷被金莲''云锦''皇冠'等,花型的明显区别在于其花被片数的不同,花型单薄的品种一般花被片数13~16,而花型厚重的品种其花被片总数16~19。

第三主成分中"花瓣伸展方式"系数最大,这反映了品种区别的一个主要特征就是花型的不同,比如有的品种中被片斜展几近水平,花成平盘型,如'金碗素心';有的品种中被片内扣,花呈磬口型,如'大花磬口';有的品种中被片直伸,花成鸟爪状,如'象牙红丝''狗牙'等,所以"花瓣伸展方式"同样是蜡梅品种分类中的一个重要特征因子。

第四主成分中"内被片紫纹"系数最大,这一特征因子可以直观地反映品种之间的区别,如素心类的'金晃''冰莲''金钟黄'等,红心类的'出水芙蓉''红心兔耳''晚紫'等,乔种类的'锦衣紫心''玉碗藏红''胭脂'等。"内被片紫纹"特征因子在主成分分析中占很重要的作用,而且在形态学调查中同样是最直观的分类依据,因此将此特征作为划分蜡梅品种群的标准。

第五主成分中同样"花瓣伸展方式"系数最大。

第六主成分中"中被片是否翻卷"的系数最大,这也是蜡梅品种分类中的一个重要特征因子。但考虑到性状的稳定和实践的真观性,不建议以此作为划分蜡梅品种群的分类标准。

第七主成分中"花色"系数最大,这也反映了蜡梅品种花色的区别是品种鉴定的一个重要标准。蜡梅花色也具有渐变的特点,沿黄白—浅黄—黄色—深黄—黄绿渐变,如果以此特征作为一级标准划分品种群,很多品种归于哪个品种群会有误差。

综上所述,"花型""内被片紫纹""花径""花色"是蜡梅品种分类中的重要的特征因子,但是蜡梅品种不像桂花、梅花、牡丹等花卉一样,某个性状占有绝对主要地位,如梅花品种中枝姿是其最直观、最明显的区别特征。本文认为"内被片紫纹"作为最直观的特征应该作为蜡梅品种群的一级标准,其他三个特征可以作为品种鉴定的次要标准。

6.3 蜡梅品种分类系统

6.3.1 蜡梅品种分类原则

蜡梅品种分类应像梅花、桂花等中国传统名花一样,遵循"二元分类法"的原则,且符合《国际栽培植物命名法规》的要求。

(1)品种分类应该反映品种或品种群的起源

要明确品种的演化趋势,首先必须弄清品种的种源。只有在此基础上,才能探讨品种的演化。按照《国际栽培植物命名法规》,应该在明确植物分类等级的前提下,再进行品种群的划分。因此,种或种型的分类是品种分类的基础,也是品种分类系统中的高级分类单位。我国的大多数传统名花,如梅花、桂花、菊花、桃花等品种分类,均以种源为第一级分类标准,遵循"二元分类法"的原则。

(2)品种分类应该尽可能反映品种或品种群间的演化关系

在明确了种源的前提下,我们在进行品种群划分时,除了考虑生物学形状,也应该分析不同品种或品种群间的演化关系;也就是遵循"二元分类法"中"在品种分类中兼顾演化关系和形态应用,以前者为主"这一要求。

（3）品种分类应该符合生产实践的需求

只有做到这一点，品种分类才能起到它应有的作用，即推广蜡梅这一观赏植物的园林应用，为蜡梅品种资源的开发利用提供科学依据。因此我们在进行蜡梅品种分类时，应遵循以下原则：①品种分类不可过于烦琐；②可以从不同的角度提出蜡梅品种分类的方法，只要有实用价值，符合生产实践的需求。

6.3.2 蜡梅品种分类等级

蜡梅的品种分类体系按照《国际栽培植物命名法规（第七版）》的规定，在明确品种所属植物分类等级的"种系"（属内杂种或属间杂种起源的品种，明确其杂种名称或杂交属名称）前提下，采用品种群（Group）、品种（cultivar）和嫁接嵌合体（graft-chimaeras）3 个分类单位（目前在蜡梅中尚没有发现明确的嫁接嵌合体品种）。品种分类的第一级单位即种系（包括属内杂种和属间杂种，或者变种）的名称必须符合《国际植物命名法规》（ICBN）的规定。

蜡梅的品种分类体系包括：①种系（种、种间杂种或属间杂种或变种）；②品种群；③品种。

（1）第一级：种系（species，hybrid or varietas）

以植物分类的"种"（或杂种、变种）起源为基础，根据种源和起源划分种系（品种系统）。蜡梅属包括蜡梅（*Ch. praecox*）、亮叶蜡梅（*Ch. oitens*）、柳叶蜡梅（*Ch. saliei folius*）、西南蜡梅（*Ch. campanulatus*）等。只有蜡梅（*Ch. praecox*）具有栽培品种，而且形成了品种系统。

（2）第二级：品种群（Group）

按照法规，在一个属、种、杂交属、杂交种或其他命名等级内，两个或多个相似的已命名品种的集合，可被指定为品种群（Group）。在法规引入"品种群"这一术语之前，学者们应用的其他名称如"sort""type"或"hybrids"等，如果是与品种群含义相同，均应以品种群取代。

（3）第三级：品种（cultivar）

《国际植物命名法规》指出："品种是为一专门目的而选择、具有一致而稳定的明显区别特征，而且采用适当的方式繁殖后，这些区别特征仍能保持下来的一个（栽培植物）分类单位。"品种（cultivar）是栽培植物的基本分类单位。法规规定了"品种的全名由它隶属的分类等级拉丁学名加上品种加词构成。"品种加词中每一个词的首写字母必须大写，除非由于语言习惯决定了其他例外情况。品种等级由一对单引号（' '）将品种加词括起来而表示，双引号（" "）和缩写"cv.""var."不能用于品种名称中表示加词，这样运用时应加以改正。

结合形态学比较研究，"内被片紫纹"这一性状比其他性状更稳定、明显，在实践中应用更直观、方便，因此，笔者认为"内被片紫纹"应该作为蜡梅品种分类的一级标准。依内被片紫纹的有无或多少，可将蜡梅品种划分为 3 个品种群：素心蜡梅品种群 *Chimonanthus praecox* Concolor Group、乔种蜡梅品种群 *Chimonanthus praecox* Intermedius Group 和红心蜡梅品种群 *Chimonanthus praecox* Patens Group。

第7章　蜡梅品种

　　依内被片紫纹的有无或多少,我们将蜡梅品种划分为 3 个品种群:素心蜡梅品种群 *Chimonanthus praecox* Concolor Group、乔种蜡梅品种群 *Chimonanthus praecox* Intermedius Group 和红心蜡梅品种群 *Chimonanthus praecox* Patens Group。

　　本书共收录蜡梅品种 153 个,其中素心蜡梅品种 47 个,乔种蜡梅品种 51 个,红心蜡梅品种 55 个,并编制了蜡梅品种检索表。

蜡梅品种检索表

1. 内被片不具紫(红)纹、紫(红)斑或者紫(红)晕 ················· I 素心蜡梅品种群
  2. 中被片黄色
    3. 中被片长宽比等于或大于 3.5
      4. 花底部较窄,为圆锥型
        5. 中被片先端长宽比大于 5,先端渐尖 ················· 1. '长被素心'
        5. 中被片先端长宽比小于 5,先端钝尖 ················· 2. '凤飞舞'
      4. 花底部较宽,为盘型
        6. 中被片黄色 ················· 3. '金碗素心'
        6. 中被片浅黄色泛绿晕 ················· 4. '金蝶'
    3. 中被片长宽比小于 3.5
      7. 花型内扣如磬或铃铛状或杯型
        8. 花冠杯型,中被片长 1.4～1.6 cm ················· 5. '金杯'
        8. 花冠内扣,磬口型
          9. 花被片较多,中、内被片总数 14～17 枚
            10. 中被片长度大于等于 2 cm ················· 6. '阳光'
            10. 中被片长度小于 2 cm
              11. 花冠口部几乎闭合,浑圆呈球状 ················· 7. '金绣球'
              11. 花冠口部较张开,不闭合
                12. 中被片黄色,窄椭圆形,长宽比 2.6～3.0 ················· 8 '金珠'
                12. 中被片金黄色或蜡黄色,椭圆形或近圆形,长宽比小于 2.2
                  13. 中被片顶端钝尖
                    14. 花朵较小,花径 1.0～1.2 cm ················· 9. '小磬口'
                    14. 花朵较大,花径 1.5～1.7 cm ················· 10. '金钟磬'
                  13. 中被片顶端钝圆;花朵较大,花径 1.2～1.7 cm
                    15. 中被片近圆形,先端不外翻
                      16. 中被片金黄色 ················· 11. '金磬口'
                      16. 中被片浅黄色 ················· 12. '黄玉碗'
                    15. 中被片椭圆形,先端常外翻 ················· 13. '金蓓'
          9. 花被片较少,中、内被片总数 12 枚 ················· 14. '黄玉球'
      7. 花型斜展或平展
        17. 中被片浅黄色或黄色
          18. 花期早
            19. 中被片先端明显反卷 ················· 15. '金颜帘卷'
            19. 中被片先端稍外翻而不卷 ················· 16. '早蜡'
         18. 花期中或晚
            20. 花期中等
              21. 中被片反卷达 1/3～1/2 ················· 17. '卷被素心'
              21. 中被片翻而不卷或不外翻
                22. 中被片先端钝圆
                  23. 中被片长约 1.6 cm,宽约 0.9 cm,稍反曲 ················· 18. '银盘素心'
                  23. 中被片长约 1.3 cm,宽约 0.5 cm,稍内曲 ················· 19. '金晃'
              22. 中被片先端钝尖
                24. 花朵较大,花径约 3 cm

25. 花径 2.9～3.1 cm,平盘型,黄色 ⋯⋯⋯⋯⋯⋯ 20.'大花素心'
25. 花径 2.0～2.8 cm
 26. 碗型至盘型,浅黄色 ⋯⋯⋯⋯⋯⋯ 21.'长瓣银盏'
 26. 圆锥型,中被片上部皱缩 ⋯⋯⋯⋯⋯⋯ 22.'剪波素心'
24. 花朵较小,花径小于 2 cm
27. 花浅黄色
 28. 碗型 ⋯⋯⋯⋯⋯⋯⋯⋯⋯⋯⋯⋯ 23.'小花翡翠'
 28. 钟型 ⋯⋯⋯⋯⋯⋯⋯⋯⋯⋯⋯⋯ 24.'金缕罗裙'
27. 花黄色,钟型 ⋯⋯⋯⋯⋯⋯⋯⋯⋯⋯ 25.'光辉'
 20. 花期晚
29. 花型常不整齐,呈碗状、磬状等
 30. 花色为浅黄色,花径较小 ⋯⋯⋯⋯⋯⋯ 26.'琥珀'
 30. 花色为金黄色,花径较大 ⋯⋯⋯⋯⋯⋯ 27.'娇莺'
29. 花型为圆锥型 ⋯⋯⋯⋯⋯⋯⋯⋯⋯⋯ 28.'晚素'
17. 中被片金黄色至蜡黄色
31. 花冠为锥型
 32. 花朵较大,花径 1.6～2.6 cm
  33. 株形低矮;花冠锥型,花冠底部较窄 ⋯⋯⋯⋯ 29.'金钟黄'
  33. 株形开展;花冠碗状或杯状,花冠底部较宽 ⋯⋯ 30.'扬州黄'
 32. 花朵较小,直径 1.0～1.5 cm
  34. 花径 1.2～1.5 cm;中被片顶端急尖 ⋯⋯⋯⋯ 31.'倒挂金钟'
  34. 花径 1.0～1.2 cm;中被片顶端钝圆 ⋯⋯⋯⋯ 32.'小花雀舌'
31. 花冠为碗型或盘型
 35. 中被片浅金黄色
  36. 中被片先端平展 ⋯⋯⋯⋯⋯⋯⋯⋯ 33.'皇后'
  36. 中被片先端翻卷 ⋯⋯⋯⋯⋯⋯⋯⋯ 34.'飞碟'
 35. 中被片金黄色
  37. 中被片先端明显翻卷 ⋯⋯⋯⋯⋯⋯ 35.'皇冠'
  37. 中被片先端不翻卷或翻而不卷,稀反卷
   38. 花高为 1.6～1.8 cm ⋯⋯⋯⋯⋯⋯ 36.'金满楼'
   38. 花高为 1.4～1.6 cm
    39. 中被片边缘波皱,宽 0.4～0.6 cm ⋯⋯ 37.'素玉碗'
    39. 中被片边缘平展,宽 0.6～0.8 cm ⋯⋯ 38.'金莲花'
2. 中被片近白色或黄绿色
40. 中被片近白色
41. 中被片披针形,长宽比为 4 ⋯⋯⋯⋯⋯⋯ 39.'玉冰凌'
41. 中被片椭圆形、长椭圆形或近圆形,长宽比小于 3
 42. 中被片顶端直伸或稍内曲
  43. 中被片长椭圆形,长宽比约为 3 ⋯⋯⋯⋯ 40.'白龙爪'
  43. 中被片椭圆形或近圆形,长宽比小于 2 ⋯⋯ 41.'玉壶冰心'
 42. 中被片顶端外翻或反卷
  44. 中被片宽为 0.3～0.4 cm
   45. 中被片先端略微翻卷 ⋯⋯⋯⋯⋯⋯ 42.'玉帘'
   45. 中被片先端明显翻卷 ⋯⋯⋯⋯⋯⋯ 43.'白碧'

44. 中被片宽为 0.4～0.6 cm
 46. 花型较为整齐,中被片边缘波皱 ······ 44.'冰玉'
 46. 花型较为凌乱,边缘平展 ······ 45.'江南白'
40. 中被片黄绿色
 47. 花型紧凑,中被片顶端钝尖、直伸 ······ 46.'绿花'
 47. 花型开展,中被片顶端钝圆、翻卷 ······ 47.'翠云'
1. 内被片具紫(红)纹、紫(红)斑或者紫(红)晕
 48. 内被片布少量紫(红)纹、紫(红)斑或者紫(红)晕 ······ II乔种蜡梅品种群
 49. 中被片黄色或近白色
  50. 中被片蜡黄色、金黄色、黄色或浅黄色
   51. 花冠内扣,磬口型
    52. 内被片具极少紫红纹 ······ 48.'金铃红晕'
    52. 内被片具较多紫红纹
     53. 中被片蜡黄色 ······ 49.'霞映金杯'
     53. 中被片黄色 ······ 50.'磬心如梦'
   51. 花冠斜展或近平展,盘型、碗型或锥型
    54. 中被片椭圆形或近圆形,长宽比小于 3
     55. 中被片黄色,颜色较浅或暗
      56. 花冠盘型
       57. 紫纹集中在内被片中部 ······ 51.'卷云'
       57. 紫纹稀疏分布在内被片边缘和内部 ······ 52.'鹅黄红丝'
      56. 花冠碗型
       58. 花径较小,1.5～2.3 cm,高 1.2～1.4 cm
        59. 花型紧凑,不整齐,中被片稍内曲
         60. 内被片紫晕少,不明显 ······ 53.'胭脂'
         60. 内被片紫晕较多,明显 ······ 54.'黄灯笼'
        59. 花型开展,整齐,中被片向外伸展
         61. 内被片具清晰紫纹 ······ 55.'黄斑'
         61. 内被片具模糊紫晕 ······ 56.'醉云'
       58. 花径较大,1.8～2.7 cm,高 1.6～2.0 cm
        62. 中被片为浅黄色,能育雄蕊较多,达 7～8 枚 ······ 57.'麸金'
        62. 中被片为黄色,能育雄蕊较少,5～6 枚 ······ 58.'金盏花'
     55. 中被片蜡黄色或金黄色,色泽明亮
      63. 中被片蜡黄色
       64. 花冠碗型,内被片具红色边缘 ······ 59.'红霞'
       64. 花冠盘型,内被片部分具红色边缘 ······ 60.'淡妆黄颜'
      63. 中被片亮黄色;内被片无明显的红色边缘 ······ 61.'皮娃娃'
    54. 中被片披针形或长椭圆形,宽 0.6 cm 以下,长宽比大于 2.5
     65. 中被片间隔明显,花型单薄
      66. 花冠盘型,浅黄色 ······ 62.'小家碧玉'
      66. 花冠锥型,黄色或金黄色
       67. 花径较小,1.2～1.8 cm
        68. 花金黄色,内被片上只有爪的附近有红纹 ······ 63.'黄莺出谷'
        68. 花黄色,内被片表面有红纹 ······ 64.'飞黄'

67. 花径较大,1.8～2.3 cm
    69. 中被片质感较厚,翻卷 ……………………………………… 65.'娇容'
    69. 中被片质感较薄,直伸 ……………………………………… 66.'轻舞飞扬'
65. 中被片无明显间隔,花型紧凑
    70. 中、内被片总数多达 21 枚 ………………………………… 67.'凝眉依栏'
    70. 中、内被片总数 14～18 枚
      71. 中被片较短,长 1.0～1.4 cm
        72. 花冠常斜展 …………………………………………… 68.'琥珀霞痕'
        72. 花冠近平展,盘型 …………………………………… 69.'粉面含春'
      71. 中被片较长,长 1.4～2.2 cm
        73. 花冠底部较窄,锥型
          74. 中被片金黄色;花期晚 ……………………………… 70.'鹅黄霞冠'
          74. 中被片黄色;花期中等
            75. 内被片中上部有少许红晕 ………………………… 71.'象牙红丝'
            75. 内被片被少量紫晕,到爪
              76. 内被片紫晕粉红色
                77. 内被片直伸 …………………………………… 72.'粉红佳人'
                77. 内被片内扣明显 ……………………………… 73.'金蓓含心'
              76. 内被片紫晕深红色
                78. 内被片中部有紫纹 …………………………… 74.'飞帘'
                78. 内被片仅边缘有紫纹 ………………………… 75'霞光'
        73. 花冠底部钝圆,盘型或碗型
          79. 花径较小,1.6～2.1 cm
            80. 中被片较宽,约 0.6 cm …………………………… 76.'朝霞'
            80. 中被片较窄,约 0.4 cm …………………………… 77.'嫁衣'
          79. 花径较大,2.2～3.0 cm
            81. 花冠碗型 ……………………………………… 78.'红拂'
            81. 花冠盘型
              82. 紫纹主要分布在内被片中上部
                83. 中被片质感较薄,呈透明状 ………………… 79.'玉娇容'
                83. 中被片质感较厚 ……………………………… 80.'成都'
              82. 紫纹主要分布在内被片底部
                84. 花冠盘型;中被片长宽比约为 4 ……… 81.'玉碗藏红'
                84. 花冠碗型;中被片长宽比约为 3 ……… 82.'金玉红妆'
50. 中被片近白色或黄白色
    85. 中被片明显翻卷
      86. 中被片近白色;花期早 …………………………………… 83.'贵妃醉酒'
      86. 中被片黄白色;花期中等 ………………………………… 84.'丝红淡玉'
    85. 中被片不翻卷或翻卷不明显
      87. 花冠斜展,碗型或锥型
        88. 花冠锥型
          89. 花径较小,小于 1.6 cm
            90. 紫纹集中在内被片中部,爪紫色 ………………… 85.'银红'
            90. 紫纹集中在内被片中上部,爪白色 ……………… 86.'玉玲珑'

89. 花径较大,大于 1.6 cm
　　91. 花型紧凑,中被片较宽,大于 0.4 cm ·············· 87.'梅花妆'
　　91. 花型开展,中被片较窄,小于 0.4 cm
　　　92. 花冠斜展,中被片上有浸染状紫晕 ·············· 88.'江南丽人'
　　　92. 花冠整齐,紫晕集中在内被片 ·············· 89.'冰紫纹'
　88. 花冠碗型
　　93. 中被片边缘明显起伏波状
　　　94. 浅红色紫晕集中于边缘 ·············· 90.'玛瑙'
　　　94. 红色条纹集中于中下部 ·············· 91.'冰焰'
　　93. 中被片边缘较平直
　　　95. 内被片具较多红晕及条纹 ·············· 92.'腮红'
　　　95. 内被片具少许浅紫红晕,不明显 ·············· 93.'素衣淡妆'
　87. 花冠近平展,盘型
　　96. 中被片黄白色;中、内被片总数 15～17 ·············· 94.'晕心波皱'
　　96. 中被片近白色;中、内被片总数 17～19 ·············· 95.'玉盘红润'
49. 中被片淡绿色至黄绿色
　97. 花型紧凑,稍内曲 ·············· 96.'绿影霞光'
　97. 花型开展
　　98. 花径 1.0～2.0 cm;内被片具较多紫纹 ·············· 97.'绿蕾'
　　98. 花径 2.0～2.5 cm;内被片具极少淡紫晕 ·············· 98.'霞痕绿影'
48. 内被片布满紫(红)纹、紫(红)斑或者紫(红)晕 ·············· Ⅲ 红心蜡梅品种群
99. 花冠内扣,磬口型
　100. 中被片浅黄色、白色
　　101. 中被片黄色 ·············· 99.'轻舞红娘'
　　101. 中被片近白色 ·············· 100.'白被醉心'
　100. 中被片蜡黄色或金黄色
　　102. 中被片蜡黄色,色泽暗淡 ·············· 101.'南京磬口'
　　102. 中被片金黄色,色泽明亮
　　　103. 中被片卵圆形,长约 1.5 cm ·············· 102.'小花'
　　　103. 中被片椭圆状披针形,长约 1.8 cm ·············· 103.'墨迹'
99. 花冠斜展或平展,碗型、锥型或盘型
　104. 中被片深黄、黄色
　　105. 中被片较长,大于 1.5 cm
　　　106. 中被片数目为 5～6
　　　　107. 爪中间有紫纹 ·············· 104.'少被'
　　　　107. 爪边缘有紫纹 ·············· 105.'暮霞'
　　　106. 中被片数目为 8～9
　　　　108. 中被片窄披针形,长宽比大于 4
　　　　　109. 中被片浅黄色 ·············· 106.'笑靥'
　　　　　109. 中被片黄色、金黄色、深黄色
　　　　　　110. 内被片紫黑色
　　　　　　　111. 中被片边缘波皱,先端翻卷 ·············· 107.'宝莲灯'
　　　　　　　111. 中被片边缘平展,先端直伸 ·············· 108.'剑紫'
　　　　　　110. 内被片紫红色

　　　　112. 中被片蜡黄色,不成管状卷 ⋯⋯⋯⋯⋯⋯⋯ 109. '金龙探爪'

　　　　112. 中被片金黄色,部分卷曲成管状 ⋯⋯⋯⋯⋯ 110. '金剑舟'

　108. 中被片披针形、椭圆形,长宽比小于4

　　　113. 中被片质感薄,透明,纸质 ⋯⋯⋯⋯⋯⋯ 111. '长红水袖'

　　　113. 内被片质感中等,不透明

　　　　114. 中被片披针形,顶端渐尖,稍内扣 ⋯⋯⋯⋯ 112. '飞燕'

　　　　114. 中被片椭圆形,顶端钝尖,不内扣

　　　　　115. 中被片边缘极波皱 ⋯⋯⋯⋯⋯⋯⋯⋯ 113. '眉锁金秋'

　　　　　115. 中被片边缘平展 ⋯⋯⋯⋯⋯⋯⋯⋯⋯ 114. '轻扬'

105. 中被片长度中等,小于1.5 cm

　116. 中被片边缘皱缩明显

　　　117. 中被片披针形,顶端尖 ⋯⋯⋯⋯⋯⋯⋯⋯ 115. '红心兔耳'

　　　117. 中被片椭圆形,顶端圆 ⋯⋯⋯⋯⋯⋯⋯⋯ 116. '瑶池仙子'

　116. 中被片不皱缩

　　118. 中被片顶端明显翻卷

　　　119. 花色为深黄色,色泽明亮

　　　　120. 花为翻边碗型 ⋯⋯⋯⋯⋯⋯⋯⋯⋯⋯ 117. '墨红'

　　　　120. 花为钟型 ⋯⋯⋯⋯⋯⋯⋯⋯⋯⋯⋯⋯ 118. '状元钟'

　　　119. 花为黄色,色泽暗淡

　　　　121 中被片质感薄,纸质

　　　　　122. 内被片有紫色至深紫色条纹,到爪 119. '羽衣红心'

　　　　　122. 内被片有亮红色红纹,不到爪 ⋯⋯⋯ 120. '晚霞'

　　　　121. 中被片质感厚,蜡质 ⋯⋯⋯⋯⋯⋯⋯⋯ 121. '玉彩'

　　118. 中被片顶端直伸或稍外翻

　　　123. 花径小于1.5 cm

　　　　124. 花期早

　　　　　125. 中被片黄色;花冠锥型 ⋯⋯⋯⋯⋯⋯ 122. '孝陵'

　　　　　125. 中被片浅黄色;花冠碗型 ⋯⋯⋯⋯⋯ 123. '碗粉'

　　　　124. 花期晚

　　　　　126. 中被片质感较薄,呈透明状 ⋯⋯⋯⋯ 124. '玲珑'

　　　　　　127. 中被片浅黄色;中、内被片总数13～14 125. '狗牙'

　　　　　　127. 中被片黄色;中、内被片总数15～17 ⋯ 126. '紫玉钻'

　　　123. 花径大于1.5 cm

　128. 中被片颜色较深,蜡黄色或金黄色,色泽鲜亮

　　129. 花冠近平展,盘型

　　　130. 花期晚 ⋯⋯⋯⋯⋯⋯⋯⋯⋯⋯⋯⋯⋯ 127. '晚花'

　　　130. 花期中等

　　　　131. 中被片蜡黄色;果托纺锤形 ⋯⋯⋯⋯⋯ 128. '一品晚黄'

　　　　131. 中被片金黄色;果托长卵形 ⋯⋯⋯⋯⋯ 129. '火焰'

　　129. 花冠斜展,碗型或锥型

　　　132. 花冠碗型

　　　　133. 内被片深紫黑色 ⋯⋯⋯⋯⋯⋯⋯⋯⋯ 130. '墨云'

　　　　133. 内被片红色或紫红色

　　　　　134. 中被片先端钝尖 ⋯⋯⋯⋯⋯⋯⋯ 131. '二品竹衣'

     134. 中被片先端钝圆
      135. 内被片紫纹集中在爪两侧 ················· 132.'金云蔽日'
      135. 内被片布满鲜亮紫纹
       136. 中被片向外翻卷 ·········· 133.'出水芙蓉'
       136. 中被片直伸或稍内曲 ········ 134.'金紫峰'
    132. 花冠锥型
     137. 紫纹深紫红色,较开展 ················· 135.'晚紫'
     137. 紫薇深红色,较紧凑 ················· 136.'犹抱琵琶'
   128. 中被片颜色较浅,浅黄色或黄色,色泽偏暗
    138. 中被片椭圆形,长宽比小于 2.5 ········· 137.'金龙紫穴'
    138. 中被片披针形,长宽比大于 3
     139. 内被片具较多紫红纹 ············· 138.'尖被'
     139. 内被片全为紫红色或紫黑色
      140. 被片全为紫黑色 ·········· 139.'砚池霞衣'
      140. 被片全为紫红色 ············· 140.'奇艳'
104. 中被片白色或近白色、黄白色、浅黄色
 141. 花期早
  142. 花径 1.0～1.5 cm;内被片满布浓紫纹
   143. 中花被直伸,花被开展 ················· 141.'银紫'
   143. 中花被直伸,螺旋状,花被两侧边缘向中心内折 ········· 142.'旋舞独步'
  142. 花径 1.6～2.1 cm;内被片具较多红晕及条纹
   144. 中花被边缘波皱 ················· 143.'玉波紫霞'
   144. 中花被边缘平展 ················· 144.'冰凌还笑'
 141. 花期中等或晚
  145. 花较小,花径 1.0～1.5 cm
   146. 花冠碗型,先端钝圆,反曲 ················· 145.'黄龙潭'
   146. 花冠锥型、爪型,先端钝尖,不反曲
    147. 花冠锥型,中被片 5,窄披针形 ········· 146.'小径浓内'
    147. 花冠爪型,中被片 7,椭圆形 ········· 147.'廖瓣怡然'
  145. 花较大,花径 1.5～2.5 cm
   148. 中被片长宽比约为 4 ················· 148.'冰剑红锋'
   148. 中被片长宽比小于 3
    149. 花冠近平展,盘型或锥型
     150. 中被片黄白色,边缘不波皱 ········· 149.'雏鸟出巢'
     150. 中被片近白色,边缘波皱
      151. 花蕾黄色,初开浅黄白色,盛开近白色 ········· 150.'玉树临风'
      151. 花蕾绿色,花色黄白色 ········· 151.'淡妆绿蕾'
    149. 花冠斜展,碗型
     152. 花被片近白色,质感中等 ················· 152.'银宝灯'
     152. 花被片黄白色,质地半透明 ········· 153.'风情万种'

7.1　素心蜡梅品种群

（1）'长被素心'（'Changbei Suxin'）

花径 1.8～2.0 cm，花高约 2.2 cm，磬口型；中部花被片 9，浅黄色，长披针形，长 2.0～2.2 cm，宽 0.3～0.4 cm，先端渐尖，直伸；内部花被片 8，浅黄色，披针形；雄蕊 5～6，具退化雄蕊；雌蕊多数，离生。

花期中等，初花期 1 月上旬，盛花期 1 月中下旬，末花期 2 月上中旬。

(2)'凤飞舞'('Feng Feiwu')

花径 2.0～3.0 cm,花高约 2.0 cm,圆锥型;花香较浓;中部花被片 10,乳黄色,披针形,长约 1.9 cm,宽约 0.4 cm,纵向卷曲似舟状,边缘平展,先端钝尖,直伸,内部花被片 8,乳黄色,卵形,先端钝尖;雄蕊 5 或 6,具退化雄蕊;雌蕊多数,离生。

花期中等,初花期 12 月下旬,盛花期 1 月上中旬,末花期 2 月上旬。

(3) '金碗素心'('Jinwan Suxin')

花径 1.6～2.4 cm,花高 1.3～1.8 cm,盘型;花香较浓;中部花被片 8,黄色,长椭圆形,长约 1.7 cm,宽约 0.5 cm,先端钝尖或钝形,常外翻;内部花被片 8,黄色,卵形,先端钝尖;雄蕊 5,具退化雄蕊;雌蕊多数,离生。

花期中等,初花期 12 月下旬至 1 月上旬,盛花期 1 月中下旬,末花期 2 月中下旬。

（4）'金蝶'（'Jindie'）

花径约 2.6 cm，花高 2.0 cm，盘型；花香较浓；中部花被片 9～11，浅黄色泛绿晕，长椭圆形，长约 1.8 cm，宽约 0.5 cm，纵向卷曲似舟状，边缘有时波状，先端钝尖或钝形，通常外翻；内部花被片 7～8，黄色，卵形，先端钝尖；雄蕊 5～6，具退化雄蕊；雌蕊多数，离生。

花期中等，初花期 12 月中旬，盛花期 1 月中旬，末花期 2 月下旬。

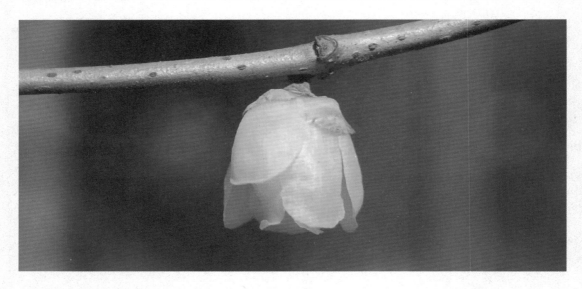

(5)'金杯'('Jinbei')

　　花冠杯型,花径 1.3～1.5,高约 1.5 cm,香气浓;中部花被片 8,金黄色,宽椭圆形,长 1.4～1.6 cm,宽 0.6～0.8 cm,顶端圆,直伸;内部花被片 7,金黄色;能育雄蕊 6 枚。

　　初花期 12 月中旬,盛花期 1 月中旬,末花期 1 月下旬。

(6)'阳光'('Yangguang')

　　花冠磬口型,花径 1.2～1.4 cm,高约 2 cm,香气浓;中部花被片 10,金黄色,宽椭圆形,长 2 cm,宽 0.6～0.8 cm,顶端钝圆,内扣;内部花被片 8,金黄色;能育雄蕊 6 枚。

　　初花期 11 月下旬,盛花期 12 月上旬,末花期 1 月上旬。

(7)'金绣球'('Jinxiuqiu')

叶片椭圆状披针形或椭圆形,长6～10 cm,宽约4 cm,顶端渐尖、长渐尖,基部圆形。花冠磬口型,口部几乎闭合,浑圆呈球状,最宽处1.5～1.9 cm,高约1.5 cm;香气浓郁,甜香味;中部花被片8,蜡黄色,椭圆形,长1.6～1.9 cm,宽0.6～0.7 cm,边缘稍波皱,顶端钝尖、内曲;内部花被片7～8,深黄色,长卵形,边缘稍波皱,顶端钝尖,内曲或外翻;能育雄蕊5～6枚,以6为主。

花期中等,初花期12月中旬,盛花期1月中旬,末花期2月。

(8)'金珠'('Jinzhu')

　　花径1.3～1.6 cm,花高约1.6 cm,磬口型;中部花被片8,黄色,椭圆形,长1.4～1.6 cm,宽0.5～0.6 cm,先端钝尖;内部花被片6,黄色;雄蕊6～7,具退化雄蕊;雌蕊多数,离生。

　　花期晚,初花期1月中旬,盛花期2月下旬,末花期3月。

(9)'小磬口'('Xiaoqingkou')

花径 1.0~1.4 cm,花高约 1.2 cm,磬口型;中部花被片 8~10,金黄色,椭圆形,长1.0~1.5 cm,宽 0.5~0.7 cm,先端钝尖,内曲,有时反曲;内部花被片 6~7,金黄色,卵形,先端钝尖,内曲;雄蕊 5,具退化雄蕊;雌蕊多数,离生。

花期晚,初花期 1 月下旬至 2 月上旬,盛花期 2 月中下旬,末花期 3 月。

（10）'金钟磬'（'Jinzhong Qing'）

花径 1.5～1.7 cm,花高 1.6～1.7 cm,磬口型;香味淡;中部花被片 7～8,长约1.7 cm,宽 0.7～0.8 cm,浅黄色,披针形,内扣,先端钝圆或钝尖;内部花被片约为 7,长卵形,浅黄色,先端外翻,无紫纹,具爪;雄蕊约 6,黄白色,具退化雄蕊;雌蕊多数,离生。

花期晚,初花期 1 月上旬,盛花期 1 月下旬,末花期 2 月下旬。

(11)'金磬口'('Jinqingkou')

花径 1.4~1.7 cm,花高约 1.2 cm,磬口型;花香较浓;中部花被片 7~9,金黄色,宽椭圆形,长约 1.2 cm,宽约 0.9 cm,先端钝圆,内曲;内部花被片 6,金黄色,宽卵形,先端钝圆,内曲;雄蕊 6~8,具退化雄蕊;雌蕊多数,离生。

花期晚,初花期 1 月中旬,盛花期 2 月上中旬,末花期 3 月。

(12)'黄玉碗'('Huangyuwan')

花香淡;花径1.8~2.0 cm,花高1.5~
1.7 cm,磬口型;中部花被片约8,长1.5~
1.6 cm,宽1.0~1.1 cm,浅黄色,长卵形或
卵状椭圆形,内扣,先端钝圆;内部花被片
约为8,卵形,浅黄色,偶外翻,无紫纹,具
爪;雄蕊约8,白色,具退化雄蕊;雌蕊多
数,离生。

花期中,初花期1月上旬,盛花期1月
下旬,末花期2月下旬。

(13)'金蓓'('Jinbei')

花冠磬口型至碗型,花径 1.2～1.6 cm,高约 1.2 cm,花香较浓;中部花被片 8～9,黄色或金黄色,卵圆形,长 0.9～1.4 cm,宽约 0.6 cm,顶端钝圆,略外翻;内部花被片 8～9,黄色或金黄色,宽匙状卵形,顶端钝圆;能育雄蕊 5～6。

花期晚,初花期 1 月中旬,盛花期 2 月上中旬,末花期 3 月。

（14）'黄玉球'（'Huang Yuqiu'）

花冠磬口型，花径 1.0～1.3 cm，高约 1.2 cm；花香较浓；中部花被片 6，浅黄色，椭圆形，长 0.9～1.4 cm，宽 0.6～0.8 cm，顶端钝圆，不翻卷；内部花被片 6，浅黄色或黄白色，卵形，顶端钝；能育雄蕊 5。

花期晚，初花期 1 月上中旬，盛花期 1 月底或 2 月初，末花期 2 月底或 3 月。

(15) '金颜帘卷'('Jinyan Lianjuan')

花径 1.4～2.0 cm,花高 1.5～1.6 cm,碗型;中部花被片 9 或 10,浅黄色,椭圆形,长 1.4～1.8 cm,宽 0.8～0.9 cm,先端钝,反曲;内部花被片 9,浅黄色,卵形;雄蕊 6,具退化雄蕊;雌蕊多数,离生。

花期早,初花期叶子尚未脱落。初花期 11 月下旬,盛花期 12 月中旬,末花期 1 月下旬。

（16）'早蜡'（'Zaola'）

　　花径 1.6～2.0 cm，花高约 1.6 cm，碗型；中部花被片 8 或 9，黄色，椭圆形，长 1.3～
1.5 cm，宽 0.5～0.7 cm，先端钝，稍反曲；内部花被片 9，黄色，卵形，先端钝尖；雄蕊 5～6，
具退化雄蕊；雌蕊多数，离生。

　　花期早，初花期 11 月下旬，盛花期 12 月中下旬，末花期 1 月中旬。

(17) '卷被素心'('Juanbei Suxin')

　　花径 1.7～2.5 cm,花高 1.5～1.7 cm,碗型;花香较浓;中部花被片 8～10,黄色或浅黄色,具光泽,椭圆形,长约 1.8 cm,宽约 0.8 cm,先端钝或钝尖,常反卷达 1/3～1/2;内部花被片 7～9,黄色;雄蕊 5～8,具退化雄蕊;雌蕊多数,离生。

　　花期中,初花期 12 月上旬,盛花期 1 月下旬,末花期 2 月下旬。

（18）'银盘素心'（'Yinpan Suxin'）

花径约 2.3 cm,荷花型;中部花被片 9～10,浅黄色,椭圆形,长约 1.6 cm,宽约 0.9 cm,先端钝圆,反曲;内部花被片 6～7,浅黄色,卵形;雄蕊 8,具退化雄蕊;雌蕊多数,离生。

花期中,初花期 12 月,盛花期 1 月,末花期 2 月。

(19) '金晃'('Jinhuang')

　　花冠碗型,花径 1.8～2.5 cm,高约 1.2 cm,香气中等;中部花被片 8,黄色,卵圆形,长 1.3～1.5 cm,宽 0.4～0.5 cm,顶端钝圆,稍内曲;内部花被片 6,黄色;能育雄蕊 5 枚。果托坛状,长 3.6 cm,最宽处 1.8 cm。

　　花期早,初花期 11 月下旬,盛花期 12 月上旬,末花期 1 月上旬。

(20) '大花素心' ('Dahua Suxin')

花径 2.9~3.1 cm，花高 0.9~1.3 cm，平盘型；中部花被片 7，黄色，椭圆形，长约 1.5 cm，宽约 0.7 cm，先端钝尖，常反曲；内部花被片 8，黄色，卵形；雄蕊 6 或 7，具退化雄蕊；雌蕊多数，离生。

花期早，初花期 11 月下旬，盛花期 12 月中旬，末花期 1 月下旬。

(21)'长瓣银盏'('Changban Yinzhan')

花冠钟型至盘型,花径 1.9～2.5 cm,高 1.6～1.9 cm,香气中等;中部花被片 8,浅黄色,长椭圆形,长 1.7～1.9 cm,宽 0.5～0.6 cm,顶端钝圆,直伸,稍翻卷;内部花被片 9,浅黄色;能育雄蕊 6 枚。

花期早,初花期 12 月中旬,盛花期 1 月中旬,末花期 1 月下旬。

（22）'剪波素心'（'Jianbo Suxin'）

花径 2.2～2.5 cm，高 1.4～
1.5 cm，圆锥型；花香淡；中部花被
片约 11，长 1.5～1.7 cm，宽 0.5～
0.7 cm，浅黄色，窄披针形，纵向卷
曲似舟状，先端钝尖，稍外翻，中上
部皱缩；内部花被片约为 8，卵形，
浅黄色，外翻，无紫纹，具爪；雄蕊
约 8，白色，具退化雄蕊；雌蕊多数，
离生。

花期中，初花期 1 月上旬，盛
花期 1 月下旬，末花期 2 月下旬。

(23)'小花翡翠'('Xiaohua Feicui')

花径 1.3～1.8 cm,花高约 1.5 cm,碗型;中部花被片 8～10,浅黄色,椭圆形,长约 1.5 cm,宽约 0.6 cm,质感较薄,边缘有波皱,先端钝,常反曲;内部花被片 9,浅黄色,卵形,先端钝尖;雄蕊 5 或 6,具退化雄蕊;雌蕊多数,离生。

花期中,初花期 12 月中下旬,盛花期 1 月中旬,末花期 2 月。

（24）'金缕罗裙'（'Jinlv Luoqun'）

花径 1.7～2.2 cm,高 1.9～2.0 cm,
钟型;浓香;中部花被片约9,长约 1.9 cm,
宽 0.9～1.0 cm,浅黄色,长椭圆形,直伸,
先端钝尖或钝圆,内轮中被片明显波状;
内部花被片约为9,卵形,浅黄色,内扣或
翻卷(少),无紫纹,具爪;雄蕊约5,白色,
具退化雄蕊;雌蕊多数,离生。

花期中,初花期1月上旬,盛花期1
月下旬,末花期2月下旬。

(25) '光辉'('Guanghui')

花径 1.6～1.8 cm,倒挂钟型;花型较紧凑;中部花被片 7～8,黄色,椭圆形,长约 1.6 cm,宽约 0.6 cm,先端渐尖,直伸,顶端翻而不卷;内部花被片 7～8,黄色;雄蕊 5,白色,具退化雄蕊;雌蕊多数,离生。

花期中等,初花期 1 月上旬,盛花期 1 月下旬,末花期 2 月上旬。

（26）'琥珀'（'Hupo'）

花径 1.0～1.5 cm，花高约 1.0 cm，花型常不整齐，呈碗状、磬状等；花香较淡；中部花被片 6～8，浅黄色或黄白色，椭圆形或卵形，内曲似舟状，长约 1.0 cm，宽约 0.6 cm，先端钝尖，内扣、直伸或翻卷；内部花被片 6～7，浅黄色；雄蕊 5，具退化雄蕊；雌蕊多数，离生。

花期晚，初花期 1 月中旬，盛花期 1 月下旬，末花期 3 月上旬。

(27)'娇莺'('Jiaoying')

　　花型凌乱,花被片多种伸展方式并存,斜展型稍多;花径 1.4～1.8 cm,高 1.1～1.5 cm,香味浓郁;中部花被片 6～8,金黄色,椭圆形或卵形,长 1.0～1.4 cm,宽 0.5～0.7 cm,顶端钝尖,内扣或外翻;内部花被片 6～7,黄色,卵形,先端钝尖,直伸;能育雄蕊 5。

　　花期晚,初花期 1 月中旬,盛花期 1 月下旬或 2 月上旬,末花期 3 月上旬。

（28）'晚素'（'Wansu'）

　　花径 1.3～1.5 cm，花高约 1.5 cm，圆锥型；中部花被片 9，黄色泛绿晕，圆形，长约 1.5 cm，宽 约 0.5 cm，先端钝尖，内曲；内部花被片 8～9，黄色泛绿晕，卵形，先端钝尖。雄蕊 5，具退化雄蕊；雌蕊多数，离生。

　　花期晚，2 月下旬初花期，盛花期 3 月，末花期 3 月下旬。

(29)'金钟黄'('Jinzhong Huang')

花径 1.8～2.4 cm,花高 1.7～2.1 cm,碗型;花香较浓;中部花被片 8,蜡黄色,宽卵形或椭圆形,长约 1.5 cm,宽约 0.8 cm,先端钝,反卷或直伸;内部花被片 8,卵形,蜡黄色;雄蕊 7,具退化雄蕊;雌蕊多数,离生。

花期中等,初花期 12 月上旬,盛花期 12 月中下旬,末花期 2 月。

(30) '扬州黄'('Yangzhou Huang')

　　花径 2.0～2.6 cm,花高 2.0 cm,磬口型;花香较浓;中部花被片 9～10,金黄色,椭圆形,长 1.5～1.7 cm,宽 0.7～0.9 cm,先端钝圆或钝形;内部花被片 9,金黄色;雄蕊 7,具退化雄蕊;雌蕊多数,离生。

　　花期中等,初花期 1 月中旬,盛花期 2 月上旬,末花期 2 月下旬。

(31) '倒挂金钟'('Daogua Jinzhong')

花径 1.2～1.5 cm,花高 1.0～1.1 cm,钟型或碗型;中部花被片 7～9,蜡黄色,长椭圆形,长约 1.2 cm,宽约 0.4 cm,边缘无波皱,先端钝尖,不翻卷;内部花被片 8～9,深黄色,卵形,先端钝尖;雄蕊 6～8,具退化雄蕊;雌蕊多数,离生。

花期晚,初花期 1 月下旬,盛花期 2 月下旬,末花期 3 月。

(32)'小花雀舌'('Xiaohua Queshe')

花径 1.0～1.2 cm,花高约 1.4 cm,碗型;中部花被片 7～8,金黄色,椭圆形,长1.2～1.5 cm,宽 0.4～0.6 cm,先端钝圆或钝尖,内曲;内部花被片 6～7,金黄色,卵形,先端钝圆,内曲;雄蕊 5,有时 6,具退化雄蕊;雌蕊多数,离生。

花期中等,初花期 12 月下旬,盛花期 1月中旬,末花期 2 月底。

(33) '皇后'('Huanghou')

　　花冠锥型至盘型,直径2.5~3.0,高约1.8 cm,香气浓;中部花被片8,金黄色,宽椭圆形,长1.9 cm,宽0.5~0.7 cm,顶端钝圆,直伸或斜展;内部花被片8,金黄色;能育雄蕊7枚。

　　花期中等,初花期12月下旬,盛花期1月中旬,末花期2月上旬。

（34）'飞碟'（'Feidie'）

花冠碗型至盘型，花径 2.5～3.5 cm，高约 2 cm，香味浓郁；中被片 8，浅金黄色，宽椭圆形，长 1.6～2.0 cm，宽 0.6～0.8 cm，先端钝圆，通常反曲，斜展，边缘波状起伏；内部花被片 9，浅黄色，菱状卵形，先端钝尖，斜展；能育雌蕊 6～7。

花期中等，初花期 1 月上旬，盛花期 1 月下旬，末花期 2 月下旬。

(35) '皇冠' ('Huangguan')

花径 1.7~2.2 cm, 花高 1.2~1.4 cm, 碗型; 花香较浓; 中部花被片 7~9, 深黄色, 具光泽, 宽椭圆形, 长 1.3~1.7 cm, 宽 0.8~1.0 cm, 先端钝, 反卷; 内部花被片 8, 黄色; 雄蕊 5, 具退化雄蕊; 雌蕊多数, 离生。

花期中等, 初花期 12 月下旬, 盛花期 1 月中旬, 末花期 2 月上旬。

(36) '金满楼' ('Jinmanlou')

花冠碗型,花径 2.5～3.0 cm,高 1.6～
1.8 cm,香味浓郁;中部花被片 10～11,金黄
色,质地较厚,椭圆形,长约 1.7 cm,宽约
0.6 cm,边缘波皱,顶端钝圆,略翻卷;内部花
被片 8,金黄色,长卵形,顶端钝圆,直伸或斜
展;能育雄蕊 5～6 枚。

花期中等,初花期 12 月下旬,盛花期 1
月中旬,末花期 2 月上旬。

(37) '素玉碗'('Suyu Wan')

花径 1.6～2.1 cm,花高约 1.3 cm,阔圆锥型;中部花被片 7～8,黄色,椭圆形,先端钝,直伸,长约 1.5 cm,宽约 0.5 cm;内部花被片 8,淡黄色;雄蕊 5,白色,具退化雄蕊;雌蕊多数,离生。

花期较晚,初花期 2 月上旬,盛花期 2 月中旬,末花期 3 月中下旬。

(38) '金莲花' ('Jin Lianhua')

花冠碗型,花径 2.3～2.8 cm,高约 1.5 cm,香气浓郁;中部花被片 9～10,金黄色,卵圆形,质感较厚,长 1.3～1.5 cm,宽 0.6～0.8 cm,边缘平展,顶端钝圆,稍直曲;内部花被片 9,金黄色,宽匙状卵形,先端钝圆,直伸;能育雄蕊 6 枚。

花期中等,初花期 1 月上旬,盛花期 1 月下旬,末花期 2 月下旬。

(39)'玉冰凌'('Yubingling')

花径约 2.3 cm,花高约 1.7 cm,圆锥型;中部花被片 9,近白色,带黄晕,长椭圆形、披针形,长约 1.6 cm,宽约 0.4 cm,边缘波状皱褶,先端尖,有时反曲;内部花被片 9,近白色;雄蕊 5,具退化雄蕊;雌蕊多数,离生。

花期中等,初花期 12 月,盛花期 1 月,末花期 2 月。

（40）'白龙爪'（'Bai Longzhua'）

花冠斜展,花径 1.2～1.8 cm,高约
1.6 cm;香气清淡;中部花被片 7～8,初
开时黄白色,中后期为近白色,长椭圆
形,长 1.2～1.5 cm,宽 0.4～0.5 cm,顶
端钝、不翻卷;内部花被片 8,近白色,卵
形,顶端钝尖,直伸;能育雄蕊 5～6,5 为
主。果托长卵形,长约 3.9 cm,最宽处
约 1.6 cm。

花期中等,初花期 12 月至 1 月,盛
花期 1 月中旬,末花期 2 月。

(41)'玉壶冰心'('Yuhu Bingxin')

花径 1.4～1.8 cm,花高 1.3～1.5 cm,
初开时为磬口型,盛花期为碗型;花香较
浓;中部花被片 9,黄白色,宽卵形或椭圆
形,长 1.4～1.8 cm,宽 0.7～1.0 cm,边
缘有时波状,先端钝,稍外翻;内部花被片
8～9,黄白色,宽卵形;雄蕊 5～7,具退化
雄蕊;雌蕊多数,离生。

花期中等,初花期 12 月上旬,盛花期
1 月中旬,末花期 2 月下旬。

（42）'玉帘'（'Yulian'）

花冠钟型，花径 1.5～1.8 cm；中部花被片 8～9，浅黄色，椭圆形，长约 1.5 cm，宽约0.4 cm，顶端钝圆，翻卷；内部花被片 8～9，浅黄色至近白色，菱状卵形，顶端钝尖，略向外翻卷；能育雄蕊 5。

花期中等，初花期 12 月上旬，盛花期 12月下旬，末花期 2 月上旬。

(43)'白碧'('Baibi')

花冠钟型,较为开展,花径 1.5~
1.9 cm;中部花被片 8~9,近白色,呈透
明状,长椭圆形,长约 1.5 cm,宽 0.4~
0.5 cm,顶端钝圆,翻卷;内部花被片8~
9,近白色,匙状卵形,顶端钝尖,直伸;能
育雄蕊5。

花期早,初花期 12 月上旬,盛花期
12 月下旬,末花期 1 月中旬。

（44）'冰玉'（'Bingyu'）

花径 1.7～2.2 cm，高约 1.5 cm，碗型；中部花被片 8～10，近白色，椭圆形，长约 1.6 cm，宽约 0.6 cm，边缘有波皱，先端钝，反曲，稀反卷；内部花被片 9，近白色，卵形；雄蕊 5 或 6，具退化雄蕊；雌蕊多数，离生。

花期中等，初花期 12 月中旬，盛花期 1 月中旬，末花期 2 月。

(45)'江南白'('Jiangnan Bai')

花冠碗型至盘型,花径 1.6~1.9 cm,花被片 14~16,中被片椭圆形,近白色,先端钝圆,直伸或斜展,质感较薄,长 1.5 cm 左右,宽 0.5 cm 左右;内被片近白色,卵形,顶端钝圆,外翻;能育雄蕊 5~6。

花期中等,初花期 1 月上旬,盛花期 1 月中旬,末花期 2 月下旬。

(46)'绿花'('Lvhua')

　　花蕾绿色。花径 2.0～2.5 cm,高 1.4～1.5 cm,碗型;中部花被片 6～8,初开时呈淡绿色,盛开时黄绿色,椭圆形,长 1.3～1.6 cm,宽约 0.6 cm,先端钝尖,有时稍反曲;内部花被片 7～8,淡绿色,卵形,长 0.5～0.9 cm,宽 0.4～0.6 cm,先端钝尖;雄蕊 5 或 6,具退化雄蕊;雌蕊多数,离生。

　　花期中等,初花期 12 月上旬,盛花期 1 月中旬,末花期 1 月底至 2 月初。

(47) '翠云'('Cuiyun')

花冠碗型,花径 1.8～2.7 cm,高约 2.2 cm;中部花被片 8～9,黄绿色,椭圆形,长约 2.2 cm,宽约 0.6 cm,顶端钝圆,翻卷;内部花被片 8,黄绿色,长匙状卵形,顶端钝尖,略向外翻卷;能育雄蕊 6。

花期早,初花期 12 月中旬,盛花期 1 月上旬,末花期 1 月下旬。

7.2 乔种蜡梅品种群

(48)'金铃红晕'('Jinling Hongyun')

花径 0.9～1.3 cm,高 1.5～1.8 cm,磬口型;中部花被片 8,金黄色,长椭圆形,长约 1.6 cm,宽约 0.5 cm,先端钝,内曲;内部花被片 8,黄色,卵形,具不明显的淡紫色晕;雄蕊 5,具退化雄蕊;雌蕊多数,离生。

花期晚,初花期 1 月下旬至 2 月上旬,盛花期 2 月中下旬,末花期 3 月。

（49）'霞映金杯'（'Xiaying Jinbei'）

花径 1.0～1.2 cm,花高 1.0～1.4 cm,磬口型;中部花被片 6,蜡黄色,披针形,长 1.1～1.3 cm,宽 0.3～0.4 cm,先端锐尖,内曲;内部花被片8～9,黄色,卵形,先端尖,红纹或淡红晕起初较少,后来增多,基部具爪,爪上无红纹或不明显;雄蕊5～7,具退化雄蕊;雌蕊多数,离生。

花期中等,初花期1月,盛花期2月上旬,末花期2月底。

(50)'磬心如梦'('Qingxin Rumeng')

花枝着花密,香气浓郁;花冠磬口型,花蕾黄绿色,花径 1.3 cm,高 1.5～1.7 cm;中被片 8,黄色,宽椭圆形近卵圆形,长约 1.3 cm,宽 0.5～0.7 cm,中被片内扣,先端内曲,边缘平展;内被片 8,卵形,先端直伸,钝圆,紫色纹集中于中下部,紫纹到爪;雄蕊 6。

花期中等,初花期 1 月下旬,盛花期 2 月上旬,末花期 2 月下旬。

(51)'卷云'('Juanyun')

花径 1.5～1.9 cm,钟型;中部花被片 8～9,近白色,长椭圆形,长约 1.5 cm,宽约 0.4 cm,先端钝,直伸,顶端稍翻卷,花型紧凑;内部花被片 8～9,白色;雄蕊 5,白色,具退化雄蕊;雌蕊多数,离生。

花期中等,初花期 12 月中旬,盛花期 1 月中旬,末花期 2 月上旬。

(52)'鹅黄红丝'('Ehuang Hongsi')

花冠盘型,花径 3.5~4.0 cm,高 1.0~
1.2 cm,香味浓郁;中部花被片 9,浅黄色,具
光泽,卵圆形,长 1.5~2.1 cm,宽约 0.9 cm,
先端钝圆,边缘波状起伏;内部花被片 9~11,
浅黄色,匙状卵形,先端钝圆,平展,具微红色
边缘,基部具长爪,黄绿色;能育雄蕊 5。

花期中等,初花期 12 月下旬,盛花期 1
月中旬,末花期 2 上旬。

（53）'胭脂'（'Yanzhi'）

　　花径 1.8～2.1 cm,碗型,花型紧凑较整齐;中部花被片 8～10,浅黄色,卵状椭圆形,长约 1.8 cm,宽约 0.8 cm,先端钝,有时有凹缺;内部花被片 8～9,具不明显的浅紫红晕,基部具爪,黄白色;雄蕊 5～7,具退化雄蕊;雌蕊多数,离生。

　　花期中等,初花期 12 月中旬,盛花期 1 月中旬,末花期 2 月上旬。

(54)'黄灯笼'('Huangdenglong')

花冠磬口型至碗型,花径 1.0～
1.5 cm,高 1.0～1.4 cm;中部花被片
6～8,黄色,披针形,长 1.1～1.3 cm,宽
约 0.4 cm,顶端渐尖;内部花被片 8～
9,黄色,卵形,顶端钝尖,直伸,红纹或
淡红晕初开时较少,后来逐渐增多,基
部具爪,爪上无红纹或不明显;能育雄
蕊 5～7。

花期中等,初花期 1 月中旬,盛花
期 2 月上旬,末花期 2 月底。

(55)'黄斑'('Huangban')

　　花冠碗型,花径1.4～1.5,高约1.1 cm,香味淡;中部花被片7,黄色,椭圆形,长1.1 cm,宽0.3～0.4 cm,顶端钝圆,直伸;内部花被片8,满布紫纹,到爪;能育雄蕊6枚。

　　花期中等,初花期12月下旬,盛花期1月中旬,末花期2月上旬。

(56)'醉云'('Zuiyun')

花冠碗型,花径 1.3～1.6 cm,高约 1 cm,香气淡;中部花被片 9,黄色,椭圆形,长1.1 cm,宽 0.3～0.5 cm,顶端钝尖,直伸;内部花被片 8,布少量紫晕;能育雄蕊 5 枚。果托坛状,长 3.8 cm,最宽处 1.8 cm。

花期早,初花期 12 月下旬,盛花期 1 月中旬,末花期 1 月下旬。

（57）'麸金'（'Fujin'）

    花冠碗型至盘型，花径 2.0～2.8，高约 1.8 cm，香味浓；中部花被片 9，浅黄色，椭圆形，长 1.8 cm，宽 0.4～0.6 cm，顶端钝圆，直伸或斜展；内部花被片 7，布少量紫纹，爪两侧紫纹较浓；能育雄蕊 7～8 枚。果托瓶形，长 3.0 cm，最宽处 1.6 cm，瓶颈宽 1.1 cm。

    花期中等，初花期 1 月上旬，盛花期 1 月下旬，末花期 2 月中旬。

(58)'金盏花'('Jinzhanhua')

花冠碗型,花径 2.2～2.7 cm,花高 1.6～2.0 cm;中部花被片 9,黄色,宽椭圆形,长约 1.5 cm,宽 0.6～0.8 cm,边缘稍波皱,顶端钝圆,稍内曲;内部花被片 8,卵形,顶端钝尖,中下部有紫色条纹,基部具爪,爪两侧具紫色边缘;能育雄蕊 5～8。

花期中等,初花期 12 月下旬,盛花期 1 月上中旬,末花期 2 月。

(59)'红霞'('Hongxia')

花冠碗型,花径1.7~2.4 cm,高1.8~
2.2 cm;香味浓郁;中部花被片8~11,蜡黄
色,质地厚,宽椭圆形,长约2 cm,宽约1 cm,
边缘几乎不波皱或较明显波皱,顶端钝圆,
盛开时顶端常外翻;内部花被片9,宽卵形,
具红色边缘,中央几乎无红纹或具较多的红
纹、红晕,顶端钝圆,常具波状褶皱,基部具
爪,爪上常无红纹;能育雄蕊5~8。果托长
卵形,长3~5 cm,最宽处1.7~2.2 cm,基部
渐狭呈柄状,中部最宽,上部渐狭,口部
收缩。

花期中等,初花期12月上、中旬,盛花
期1月中旬,末花期2月。

（60）‘淡妆黄颜’（‘Danzhuang Huangyan’）

花径 2.8～3.1 cm，花高 1.5～1.8 cm，碗型或盘型；花香中等；中部花被片 10～12，长 1.7～1.8 cm，宽 0.8～1.0 cm，黄色，长椭圆状披针形，先端钝尖，翻卷，边缘向上翻卷略呈舟状，微皱；内部花被片约为 8，卵形或长卵形，大小不等，具不规则红色斑纹，部分具红色边缘，具爪，爪黄色；雄蕊约 6，黄白色，具退化雄蕊；雌蕊多数，离生。

花期中等，初花期 1 月上旬，盛花期 1 月下旬，末花期 2 月下旬。

(61)'皮娃娃'('Pi Wawa')

花径 1.9～2.3 cm,花高约 1.5 cm,荷花型,花型紧凑整齐;中部花被片 8～10,卵圆形,长 1.6 cm,宽 0.8 cm,边缘波状皱缩,先端钝尖,略内曲;内部花被片 8,红晕及条纹主要分布在中部,基部具爪,爪浅黄色;雄蕊 5,黄色;雌蕊多数,离生。

花期稍晚,初花期 1 月下旬,盛花期 2 月上旬,末花期 3 月上旬。

(62) '小家碧玉'('Xiaojia Biyu')

花径 1.9～2.7 cm,花高 1.5～2.0 cm,盘型;中部花被片 6～8,斜展,分隔明显,浅黄色,披针形,长 1.6～1.8 cm,宽 0.3～0.4 cm,边缘波皱,先端尖;内部花被片 8,浅黄色,有时具少许红晕,基部具爪,爪上部两侧具红纹;雄蕊 5,具退化雄蕊;雌蕊多数,离生。

花期较早,初花期 11 月中旬,盛花期 12 月中旬,末花期 1 月下旬。

(63)'黄莺出谷'('Huangying Chugu')

　　花冠锥型,花径 1.5～2.1 cm,高 1.6～1.8 cm;香气浓郁;中部花被片 9,间隔明显,金黄色,具光泽,披针形,长 1.2～1.6 cm,宽 0.4 cm,顶端钝尖,直伸;内部花被片 6,金黄色,长卵形,顶端钝尖,基部具爪,爪上及其附近具少许淡红纹或晕;能育雄蕊 5。

　　花期中等,初花期 12 月,盛花期 1 月,末花期 2 月。

(64) '飞黄'('Feihuang')

花径 1.6～2.0 cm,花高约 1.6 cm,圆锥型;中部花被片 8,披针形,长约 1.4 cm,宽约 0.4 cm,先端尖;内被片 5～6,有浅紫红色纹,基部具爪,爪的中上部两侧常有红边。雄蕊 5 个,具退化雄蕊;雌蕊多数,离生。

花期晚,初花期 1 月上中旬,盛花期 2 月,末花期 3 月上旬。

（65）'娇容'（'Jiaorong'）

花冠锥型,花径 1.7～2.3 cm,高约 1.5 cm,香味浓;中部花被片 8,金黄色,椭圆形,长 1.5 cm,宽 0.4～0.6 cm,顶端钝圆,斜展,先端翻卷;内部花被片 8,中上部被少量紫晕;能育雄蕊 5 枚。

花期中等,初花期 1 月上旬,盛花期 1 月中旬,末花期 2 月中旬。

(66)‘轻舞飞扬’(‘Qingwu Feiyang’)

花冠锥型,花径 1.8～2.4 cm,高约 1.8 cm,香味中等;中部花被片 9,黄色,披针形,长1.5 cm,宽 0.3～0.5 cm,顶端钝尖,直伸;内部花被片 8,中上部被少量紫晕;能育雄蕊 5 枚。花期中等,初花期 12 月中旬,盛花期 1 月中旬,末花期 2 月上旬。

(67) '凝眉依栏' ('Ningmei Yilan')

花径 1.8～2.5 cm,花高约 1.5 cm,碗型;中部花被片 11,鲜亮黄色,椭圆形,长约 1.3 cm,宽约 0.6 cm,边缘常波皱,先端钝尖,外翻;内部花被片 10,卵形,黄色,具稍多红紫纹或晕,基部具爪,爪黄色具紫红纹;雄蕊 6～7,具退化雄蕊;雌蕊多数,离生。

花期较晚,初花期 1 月,盛花期 2 月中旬,末花期 3 月。

(68)'琥珀霞痕'('Hupo Xiahen')

花冠斜展,有时近平展,花径 1.2～
1.5 cm,高约 1.5 cm;中部花被片 6～7,
浅黄色,长椭圆形,长 1.0～1.4 cm,宽
0.4～0.5 cm,顶端钝尖,常不外翻;内部
花被片 8,长卵形,浅黄色,具少许紫纹,
基部具爪,爪上常无紫纹;能育雄蕊 5～
8,以 6 为主。

花期晚,初花期 1 月中下旬,盛花期
2 月,末花期 2 月至 3 月。

（69）'粉面含春'（'Fenmian Hanchun'）

花径 1.5～2.0 cm,花高 1.2～1.5 cm,盘型;中部花被片 7～8,浅黄色,披针形或长椭圆形,长 1.2～1.5 cm,宽 0.3～0.4 cm,先端钝尖;内部花被片 8,卵形,近白色,具较少淡紫晕,中、上部常较明显;雄蕊 7～8,具退化雄蕊。

花期中等,初花期 12 月下旬,盛花期 1 月中旬,末花期 2 月。

(70)'鹅黄霞冠'('Ehuang Xiaguan')

花径 1.8～2.2 cm,花高约 1.6 cm,圆锥型,花型凌乱;中部花被片 7,金黄色,披针形,长约 1.8 cm,宽约 0.5 cm,先端渐尖,略斜展;内部花被片 8,有红晕和红色条纹,基部具爪,爪通常为黄色;雄蕊 5,具退化雄蕊;雌蕊多数,离生。

花期中等,初花期 1 月下旬,盛花期 2 月上旬,末花期 2 月下旬。

(71)'象牙红丝'('Xiangya Hongsi')

花径 1.7～2.5 cm,花高 1.5～2.0 cm,圆锥型或碗型;中部花被片 6,黄色,具光泽,披针形,长约 1.6 cm,宽约 0.5 cm,先端钝尖,直伸;内部花被片 8,卵形,先端钝尖,中上部有少许红晕,基部具爪,爪浅黄色。雄蕊 5～7,具退化雄蕊;雌蕊多数,离生。

花期中等,初花期 1 月上旬,盛花期 1 月下旬,末花期 2 月上旬。

(72)'粉红佳人'('Fenghong Jiaren')

花径 1.6～1.8 cm,花高 1.4～1.5 cm,圆锥型,质地厚;花香较淡;中部花被片 8,长 1.5～1.6 cm,宽 0.5～0.6 cm,浅黄色,长椭圆状披针形,先端锐尖,内轮中被片稍反卷;内部花被片 7～8,卵形,下部有粉色晕,具爪,爪上部具粉色晕;雄蕊约 6,黄白色,具退化雄蕊;雌蕊多数,离生。

花期晚,初花期 1 月上旬,盛花期 1 月下旬,末花期 3 月上旬。

（73）'金蓓含心'（'Jinbei Hanxin'）

　　花枝着花密,香气浓郁;花冠锥型,花蕾金黄色,花径 1.3～1.5 cm,高 1.4～1.6 cm;中被片 7,黄色,质感中等,窄披针形,长约 1.7 cm,宽约 0.4 cm,花被直伸,先端锐尖,边缘平展波状;内被片 9,卵形,内扣,钝尖,浅红色条纹集中于中部和边缘,紫纹到爪;雄蕊 6。

　　花期中等,初花期 12 月下旬,盛花期 1 月中旬,末花期 2 月上旬。

(74) '飞帘'('Feilian')

花冠锥型,花径 1.6～2.5 cm,高约 1.7 cm,香味中等;中部花被片 8,金黄色,长椭圆形,长 1.7 cm,宽 0.4～0.5 cm,顶端钝尖,直伸;内部花被片 6,布少量紫晕,到爪;能育雄蕊 5 枚。果托坛状,长 2.9 cm,宽 1.7 cm。

花期中等,初花期 12 月中旬,盛花期 1 月中旬,末花期 2 月上旬。

（75）'霞光'（'Xiaguang'）

花径 1.5～2.0 cm,花高 1.2～1.8 cm,圆锥型或钟型;花香较浓;中部花被片 8～9,长 1.4～1.6 cm,宽 0.5～0.7 cm,浅黄色,长椭圆形,先端钝圆,内轮中被片先端稍反卷;内部花被片约为 8,卵形或长卵形,边缘红色,基部有绿色晕,具爪,爪有红边;花蕾浅绿色;雄蕊约 6,黄白色;雌蕊多数,离生。

花期早,初花期 12 月上旬,盛花期 1 月上中旬,末花期 1 月下旬。

(76)'朝霞'('Zhaoxia')

花冠碗型,花径 2.0～2.5,高约 1.5 cm,香味中等;中部花被片 7,浅黄色,椭圆形,长 1.5 cm,宽 0.4～0.6 cm,顶端钝圆,直伸或斜展;内部花被片 8,被少量紫纹;能育雄蕊 5 枚。果托瓶形,长 5 cm,宽 2.3 cm,瓶颈宽 1.1 cm。

花期中等,初花期 1 月上旬,盛花期 1 月下旬,末花期 2 月下旬。

(77) '嫁衣' ('Jiayi')

花径 1.6～2.1 cm,花高约 1.5 cm,盘型,花型松散;中部花被片 6～8,披针形,长约 1.5 cm,宽 0.4～0.5 cm,先端钝尖,斜展;内部花被片 8,浅红色晕在中部以上较明显,基部具爪,爪浅黄色;雄蕊 5,黄色;雌蕊多数,离生。

花期中等,初花期 1 月上旬,盛花期 1 月中旬,末花期 2 月下旬。

(78)'红拂'('Hongfu')

花径 1.4~2.0 cm,花高约 1.6 cm,碗型;中部花被片 6~8,亮黄色,椭圆形、宽披针形,长 1.5~1.9 cm,宽 0.6~0.8 cm,先端钝尖,反曲;内部花被片 8,中上部具紫红边缘,淡紫红晕较少,主要分布在中部以上,起初极少,后来略有增多,基部具爪,爪黄色;雄蕊 5,具退化雄蕊;雌蕊多数,离生。

花期稍晚,初花期 1 月中旬,盛花期 1 月下旬,末花期 3 月上旬。

(79)'玉娇容'('Yu Jiaorong')

花径 1.8～2.3 cm,花高约 1.3 cm,开展盘型,花型整齐;中部花被片 8～10,金黄色,椭圆,长约 1.7 cm,宽 0.6 cm,先端有时稍反曲;内部花被片 6,具皱状红晕,基部具爪,爪黄色;雄蕊 5～6,具退化雄蕊;雌蕊多数,离生。

花期中等,初花期 1 月上旬,盛花期 1 月下旬,末花期 2 月下旬。

147

(80) '成都' ('Chengdu')

花冠钟型至盘型,花径 1.8～2.5 cm,高约 1.4～1.6 cm,香味中等;中部花被片 8,黄色,椭圆形,长 1.5 cm,宽 0.6 cm,顶端钝圆,直伸或斜展;内部花被片 8,被少量紫晕;能育雄蕊 6 枚。

花期中等,初花期 12 月中旬,盛花期 1 月中旬,末花期 2 月上旬。

(81) '玉碗藏红' ('Yuwan Canghong')

花径 1.9～2.1 cm，花高约 1.5 cm，盘型，花型开展；中部花被片 8～9，黄色，具光，披针形，长约 2.0 cm，宽 0.5 cm，先端渐尖，斜展；内部花被片 8～9，红晕较少且集中在中下部，基部具爪，爪的中上部边缘红色；雄蕊 5～6，具退化雄蕊；雌蕊多数，离生。

花期中等，初花期 12 月下旬，盛花期 1 月下旬，末花期 2 月上旬。

(82) '金玉红妆'('Jinyu Hongzhuang')

花径 1.8～2.3 cm,花高 1.2～1.5 cm,碗型;花型紧凑整齐;中部花被片 8～9,金黄色,具光泽,宽椭圆形,长约 1.5 cm,宽约 0.5 cm,先端钝,稍反曲;内部花被片 8～9,卵形,底部有少许点状紫红晕,基部具爪,爪黄色;雄蕊 5,黄色;雌蕊多数,离生。

花期中等,初花期 1 月上旬,盛花期 1 月下旬,末花期 2 月上旬。

（83）'贵妃醉酒'（'Guifei Zuijiu'）

花径 1.7～2.2 cm，花高约 1.5 cm，碗型；中部花被片 9～10，近白色，椭圆形，长约 1.5 cm，宽约 0.7 cm，先端钝尖，反卷；内部花被片 8，卵形，底部有少许红色点状晕，基部具爪，爪近白色；雄蕊 5～7，具退化雄蕊；雌蕊多数，离生。

花期早，初花期 11 月下旬，盛花期 12 月上中旬，末花期 12 月底至 1 月初。

(84) '丝红淡玉'('Sihong Danyu')

花径 1.5～2.2 cm,花高约 1.0 cm,碗型,花型紧凑整齐;中部花被片 8～10,暗黄白色,椭圆形,长 1.0～1.7 cm,宽 0.4～0.6 cm,先端钝,中部至顶端翻卷明显;内部花被片 9,卵形,底部有圈点状浅红色晕,基部具爪;雄蕊 5～6,具退化雄蕊;雌蕊多数,离生。

花期中等,初花期为 1 月上旬,盛花期 1 月下旬,末花期 2 月上旬。

152

(85)'银红'('Yinhong')

花径 1.0～2.0 cm,花高 1.2～1.6 cm,碗型;中部花被片 5～7,狭披针形,黄白色,长 1.3～1.6 cm,宽 0.3～0.4 cm,先端尖,稍向外卷曲;内部花被片 8～9,具较多红色胭脂状晕,基部具爪,爪黄白色,具红晕,两侧具红边。雄蕊 5～6,黄白色;雌蕊多数,离生。

花期早,初花期 11 月下旬,盛花期 12 月中旬,末花期 1 月。

(86) '玉玲珑'('Yulinglong')

花冠锥型,花径 1.2～1.4 cm,花高 1.3 cm;中部花被片近白色,椭圆状披针形,长约 1.2 cm,宽 0.3～0.4 cm,顶端钝尖,直伸;内部花被片 8,卵形,顶端钝尖,中下部以上有浅紫色条纹;能育雄蕊 5～8。

花期中等,初花期 12 月下旬,盛花期 1 月上中旬,末花期 2 月。

（87）'梅花妆'（'Meihua Zhuang'）

花径 1.5～1.9 cm，花高约 1.3 cm，圆锥型，花型紧凑；中部花被片 7～9，近白色，椭圆形，长约 1.5 cm，宽约 0.45 cm，先端钝，直伸；内部花被片 8，卵形，具少许浅红色点状晕；雄蕊 5～6 枚，具退化雄蕊；雌蕊多数，离生。

花期中等，初花期 1 月中旬，盛花期 1 月下旬，末花期 2 月下旬。

(88)'江南丽人'('Jiangnan Liren')

花冠碗型,花径 1.3～1.5 cm,高约 4 cm,香气淡;中部花被片 6～7,近白色,椭圆状披针形,长 1.5～1.7 cm,宽 0.3～0.5 cm,顶端钝尖,直伸,稍内曲,染有少量紫晕;内部花被片 8,被少量紫晕;能育雄蕊 5 枚。果托坛状,长 2.8 cm,最宽处 1.2 cm。

花期中等,初花期 1 月中旬,盛花期 1 月下旬,末花期 2 月中旬。

(89)'冰紫纹'('Bing Ziwen')

花冠锥型,花径1.8～2.3 cm,高约1.6 cm,香味中等;中部花被片8～9,近白色,椭圆状披针形,长约1.8 cm,宽约0.3 cm,顶端钝尖,直伸或斜展;内部花被片7,卵形,顶端钝尖,直伸,中上部被淡紫色紫晕,到爪;能育雄蕊6枚。

花期中等,初花期1月上旬,盛花期1月下旬,末花期2月中旬。

(90) '玛瑙' ('Manao')

花径 1.6～2.1 cm,钟型或盘型,花型较凌乱;花被片 16～19,质感中等,斜伸;中部花被片白色,宽椭圆形,先端钝圆,反曲,斜伸,长 1.5 cm 左右,宽 0.7 cm 左右;内部花被片布浅红色胭脂状晕;雄蕊 5～6,黄白色;雌蕊多数,离生。

花期晚,初花期 1 月上旬,盛花期 1 月下旬,末花期 3 月上旬。

（91）'冰焰'（'Bingyan'）

花枝着花密,香气清香;花冠碗型,花径 2.2~2.4 cm,高 1.8~2.0 cm;中部花被片 8,黄白色,质感较薄,长椭圆形,长约 1.9 cm,宽 0.5~0.7 cm,花被直伸稍斜展,先端直伸稍外翻,边缘波皱;内部花被片 8,卵形,先端直伸,钝圆,红色条纹集中于中下部,紫纹到爪;雄蕊 7。

花期中等,初花期 12 月下旬,盛花期 1 月中旬,末花期 2 月上旬。

(92)'腮红'('Saihong')

花黄白色,花径 1.8～2.5 cm,花高约 1.2 cm,碗型;中部花被片 8～10,椭圆形,长约 1.4 cm,宽约 0.6 cm,先端钝圆,稍斜展;内部花被片 9,卵形,先端钝圆,边缘稍波皱,具较多红晕及条纹,基部具爪,黄白色;雄蕊 5～8,以 7、8 居多,白色;雌蕊多数,离生。

花期中等,初花期 1 月上旬,盛花期 1 月中旬,末花期 2 月上旬。

(93) '素衣淡妆'('Suyi Danzhuang')

叶片椭圆状披针形,长7～10 cm,宽3.5～
4.7 cm,顶端长渐尖,基部宽楔形、圆形。花
冠碗型,花径1.8～2.5 cm,高1.5～2.0 cm;
香气较浓;中部花被片8～11,黄白色,椭圆
形,长约1.8 cm,宽约0.7 cm,顶端钝;内部
花被片9,卵形,具不明显的浅紫红晕,基部
具爪,黄白色。能育雄蕊5～7。果托长约
2.4 cm,最宽处约1.6 cm,中、上部稍收缩。

花期中等,初花期12月中旬,盛花期1
月中下旬,末花期2月。

(94)'晕心波皱'('Yunxin Bozhou')

　　花径 1.9～2.8 cm,花高 1.1～1.6 cm,开展盘型,花型紧凑,较整齐;中部花被片 7～10,黄白色,椭圆形,长 1.2～1.5 cm,宽 0.6～0.7 cm,质感中等,斜伸,边缘波皱,先端钝尖;内部花被片 9,具浅紫红色晕,基部具爪,爪黄白色微带红晕;雄蕊 5～8,以 7 居多,黄白色,具退化雄蕊;雌蕊多数,离生。

　　花期晚,初花期 2 月上旬,盛花期 2 月中旬,末花期 3 月上旬。

(95)'玉盘红润'('Yupan Hongrun')

叶片椭圆形、椭圆状披针形,长 6～10 cm,宽 3.5～5.2 cm,先端渐尖。花冠盘型,花径 1.5～2.0 cm,高约 1.4 cm;中部花被片 8～9,近白色,长椭圆形,长 1.2～1.5 cm,宽 0.6 cm,顶端钝或钝尖,边缘稍波皱;内部花被片 9～10,卵形,初开时红晕极少,后来逐渐增多,浅紫红晕和条纹集中分布在中央,基部具爪,爪黄白色或浅红色;能育雄蕊 5～7。

花期晚,初花期 2 月上旬,盛花期 2 月中旬,末花期 2 月至 3 月。

(96)'绿影霞光'('Lvying Xiaguang')

花冠锥型,花径 1.6～2.1 cm,高约1.8 cm,香味中等;中部花被片 10,黄绿色,质地较厚,椭圆形,长约 1.8 cm,宽约 0.3 cm,顶端钝尖,直伸,略翻卷;内部花被片 9,长卵形,顶端钝尖,直伸,绿色,中部被少量紫晕;能育雄蕊 8 枚。

花期中等,初花期 12 月中旬,盛花期 1 月中旬,末花期 2 月上旬。

（97）'绿蕾'（'Lvlei'）

花蕾绿色；花香淡；花径 1.0～2.0 cm,花高 1.1～1.5 cm,碗型；中部花被片 6～9,长椭圆形或窄披针形,长 1.2～2.0 cm,宽 0.3～0.4 cm,先端尖；内部花被片 8,有紫红色条纹,基部具爪,爪浅绿色,两侧具红色边缘；雄蕊 5～6,黄白色,具退化雄蕊；雌蕊多数,离生。着花中等,稀有度高。

花期较早,初花期 11 月上旬,盛花期 12 月中旬,末花期 1 月。

(98)'霞痕绿影'('Xiahen Lvying')

花蕾绿色;花径 2.0～2.5 cm,花高 1.3～1.6 cm,盘型;中部花被片 7～9,黄绿色,长椭圆形或披针形,长 1.5～2.2 cm,宽 0.4～0.5 cm,先端渐尖,不反卷;内部花被片 8,卵形,浅绿色,具极少且不明显的淡紫色晕,基部具爪,爪浅绿色;雄蕊 6～8,具退化雄蕊;雌蕊多数,离生。

花期较早,初花期 12 月下旬,盛花期 12 月中旬,末花期 1 月。

7.3 红心蜡梅品种群

(99)'轻舞红娘'('Qingwu Hongniang')

花径约 1.5 cm,花高约 1.8 cm,铃铛型,花型较凌乱;中部花被片 7～8,蜡黄色,长椭圆形,长约 1.8 cm,宽约 0.5 cm,中部以上明显内扣,先端渐尖,内曲;内部花被片 8,卵形,先端钝尖,反曲,满布紫红条纹,基部具爪,爪黄色,中部以上具紫红边缘;雄蕊 7,具退化雄蕊;雌蕊多数,离生。

花期中等,初花期 12 月,盛花期 1 月,末花期 2 月。

（100）'白被醉心'（'Baibei Zuixin'）

花枝着花中等，香气中等；花冠磬口型，花径 1.3 cm，高 1.5～1.7 cm；中被片 8，白色，宽椭圆形，长约 1.5 cm，宽 0.5～0.7 cm，直伸，先端内扣，边缘平展；内被片 8，卵形，先端直伸，钝圆，深紫色纹满布于内被片上，爪具紫纹；雄蕊 6～7。

花期中等，初花期 12 月下旬，盛花期 1 月中旬，末花期 2 月上旬。

(101) '南京磬口'('Nanjing Qingkou')

花冠磬口型,口部狭小,稀较开张,花径(最宽处)1.1～1.6 cm,高 1.2～1.6 cm;香气较淡;中部花被片 5～6,浅黄色或土黄色,色泽暗淡,椭圆形,中部以上明显内曲,长 1.2～1.5 cm,宽 0.4～0.6 cm,顶端钝尖,内曲或外翻;内部花被片 7～9,卵形,浅黄色,外边 3 片顶端钝尖,常外翻,内部 4～6 片顶端钝圆,不外翻;内被片具紫纹或边缘紫色,初开时紫纹较少,盛开时几乎满布,基部具爪,爪上常有紫纹和紫红边缘;能育雄蕊 5～6,5 居多。果托长约 4 cm,最宽处在中部,约 1.3 cm,上部缢缩,呈玉瓶状。

花期中等,初花期 12 月上中旬,盛花期 12 月末至 1 月初,末花期 2 月。

（102）'小花'（'Xiaohua'）

花冠磬口型，花径 1.7～2.2，高约 1.5 cm，香味中等；中部花被片 8～9，金黄色，卵圆形，长 1.6 cm，宽 0.5～0.7 cm，顶端钝圆，内曲；内部花被片 8，满布红色条纹，到爪；能育雄蕊 5～6 枚。

花期早，初花期 12 月中旬，盛花期 1 月中旬，末花期 1 月下旬。

(103)'墨迹'('Moji')

花冠不整齐,磬口型,花径 1.6～
2.2 cm,高约 1.7 cm,香味浓郁;中部花
被片 8,金黄色,椭圆状披针形,长约
1.7 cm,宽约 0.4 cm,顶端钝尖,内曲;
内部花被片 8,卵形,顶端钝圆,满布紫
晕,边缘紫纹呈紫黑色,到爪;能育雄蕊
5 枚。

花期早,初花期 12 月中旬,盛花期
1 月中旬,末花期 1 月下旬。

（104）'少被'（'Shaobei'）

花冠锥型，花径 1.5～2.0，高约 2.0 cm，香味中等；中部花被片 5～6，金黄色，长椭圆形，长 1.8～2.0 cm，宽 0.4 cm，顶端钝尖，直伸；内部花被片 5～6，满布紫纹，到爪；能育雄蕊 6 枚。

花期中等，初花期 12 月下旬，盛花期 1 月中旬，末花期 2 月中旬。

(105)'暮霞'('Muxia')

花径 1.3～1.5 cm,花高 1.4～1.5 cm,钟型或圆锥型;花香浓郁;中部花被片 5～6,长1.5～1.6 cm,宽 0.4～0.5 cm,浅黄色,窄披针形,先端钝圆或锐尖,边缘波皱,内轮中被片具紫红色纵条纹,先端外翻;内部花被片约为 7,阔卵形,满布紫红色纵条纹,边缘颜色较深,具爪,爪边缘紫红色;雄蕊约 5,黄白色,具退化雄蕊;雌蕊多数,离生。

花期中等,初花期 1 月上旬至 3 月上旬,盛花期 1 月下旬至 2 月上旬,末花期 3 月上旬。

（106）'笑靥'（'Xiaoye'）

花冠锥型,花径 2.0～2.5,高约 2.1 cm,香味中等;中部花被片 7,浅黄色,长椭圆形,长 2.1 cm,宽 0.3～0.5 cm,顶端钝圆,直伸;内部花被片 8,满布紫纹;能育雄蕊 5 枚。果托卵圆形,长 2.7 cm,宽 1.2 cm。

花期早,初花期 12 月中旬,盛花期 1 月中旬,末花期 1 月下旬。

(107) '宝莲灯'('Baoliandeng')

花冠锥型,花径 1.6~2.0 cm,高
1.9~2.1 cm,香味中等;中被片 8,披
针形,长 1.9~2.1 cm,宽约 0.4 cm,
先端钝尖,直伸或斜展,向外翻卷,黄
色;内被片 8,菱状卵形,顶端钝尖,满
布紫黑色条纹,到爪;能育雄蕊 5~
7 枚。

花期中等,初花期 1 月上旬,盛花
期 1 月中旬,末花期 2 月下旬。

（108）'剑紫'（'Jianzi'）

花冠锥型,花径 1.5～1.9 cm;中部花被片 8～10,深黄色,舟状披针形,长 1.3～1.6 cm,宽 0.3～0.4 cm,先端渐长尖,斜展,稍内曲;内部花被片 6,卵形、长卵形,先端钝尖,反曲,紫黑色,到爪;能育雄蕊 5。

花期中等,初花期 1 月上旬,盛花期 1 月中旬,末花期 2 月下旬。

（109）'金龙探爪'（'Jinlong Tanzhua'）

花冠锥型，花径 1.5～1.8 cm，高 1.2～
1.5 cm，香味较淡；中被片 6～7，长 1.6 cm，
宽约 0.3 cm，蜡黄色，披针形，顶端钝尖，直
伸或斜展；内被片 9，靠外的 3～4 片为披针
形，顶端尖，外翻，靠内的 4～5 片为卵形，顶
端钝圆，直伸或稍外翻，满布浓密紫红纹，
基部具爪，爪上具红边或全为红色；能育雄
蕊 5～7，以 6 为主。

花期中等，初花期 1 月上旬，盛花期 1
月下旬或 2 月上旬；末花期 2 月下旬。

(110) '金剑舟'('Jinjian Zhou')

花径 2.1～2.3 cm,鸟爪状;花被片 16～18,质感中等,内卷明显,顶端反翘;中被片长披针形,金黄色,顶端渐尖,斜展,分隔明显,长约 2.2 cm,宽约 0.3 cm;内被片满布红晕,基部具爪,爪黄色,有时微带红晕;雄蕊 5,具退化雄蕊;雌蕊多数,离生。

花期中等,初花期 1 月中旬,盛花期 2 月上旬,末花期 2 月中旬。

(111) '长红水袖' ('Changhong Shuixiu')

花径 2.0～2.3 cm，花高 1.8～2.1 cm，鸟爪状，花型整齐；花香较浓；中部花被片 8，黄白色，披针形，长 1.5～2.1 cm，宽 0.4～0.6 cm，质感薄，边缘常有波皱，先端渐尖，直伸或略斜展；内部花被片 8～9，满布紫纹，基部具爪，爪黄色具红晕；雄蕊 5～7，白色，具退化雄蕊；雌蕊多数，离生。

花期中等，初花期 1 月上旬，盛花期 1 月下旬，末花期 2 月下旬。

(112) '飞燕' ('Feiyan')

花径 1.6～1.8 cm, 花高 1.7～2.2 cm, 鸟爪状, 花被片紧凑; 中部花被片 8～9, 蜡黄色, 披针形, 长约 2.0 cm, 宽约 0.6 cm, 中部稍内扣, 先端渐尖; 内部花被片 8～9, 具较多的紫红晕及条纹, 基部具爪, 爪黄色; 雄蕊 5～7, 具退化雄蕊; 雌蕊多数, 离生。

花期中等, 初花期 1 月上旬, 盛花期 1 月下旬, 末花期 2 月上旬。

(113)‘眉锁金秋’(‘Meisuo Jinqiu’)

　　花枝着花密,香气中等;花冠锥型,花径 1.7～1.8 cm,高 1.6～1.7 cm;中被片 7～9,深黄色,长椭圆形,长 1.5～1.7,宽约 0.4 cm,直伸,花被片两侧边缘向中心内折,先端钝尖而稍向外翻,边缘极波皱,内被之间紧蹙;内被片 8,卵形,先端钝尖,直伸,满布紫红色纹,紫色到爪;雄蕊 5～6。

　　花期中等,初花期 12 月下旬,盛花期 1 月中旬,末花期 2 月上旬。

（114）'轻扬'（'Qingyang'）

花枝着花中等,香气中等;花冠盘型,花径 1.9～2.2 cm,高 1.4～1.6 cm;中被片 8,黄色,椭圆状披针形,长约 1.5 cm,宽约 0.4 cm,斜展,花被片两侧边缘向中心内折,先端钝尖,边缘平展;内被片 10,卵形,先端钝圆,直伸,满布紫红色纹,紫色到爪的中上部及两侧;雄蕊 6～7。

花期中等,初花期 12 月下旬,盛花期 1 月中旬,末花期 2 月上旬。

(115) '红心兔耳' ('Hongxin Tuer')

花径 1.8～2.1 cm,开展盘型,花型紧凑而整齐;花被片 16～18,质感较厚,皱曲明显;中被片披针形,金黄色,长约 1.8 cm,宽约 0.6 cm,先端渐尖,斜展;内被片具较多紫色纹,基部具爪,爪黄色,具红晕;雄蕊 5,黄色,具退化雄蕊;雌蕊多数,离生。

花期晚,初花期 1 月下旬,盛花期 2 月上旬,末花期 3 月下旬。

（116）'瑶池仙子'（'Yaochi Xianzi'）

花径 2.0~2.4 cm,花高 1.4~1.6 cm,碗型;中花被片 9~11,蜡黄色,具光泽,椭圆形,长约 2.0 cm,宽约 1.2 cm,花被片质感厚而亮,皱曲明显,先端钝圆,斜展;内部花被片 9,满布红色晕及条纹,基部具爪,爪黄色,有时具红晕;雄蕊 5,黄色,具退化雄蕊;雌蕊多数,离生。

花期较晚,初花期 1 月下旬,盛花期 2 月中旬,末花期 3 月上旬。

(117) '墨红'('Mohong')

花径 1.5～1.8 cm,花被片 17～18;中部花被片蜡黄色,宽卵形,长 1.4～1.6 cm,宽 0.6～0.7 cm,盛开时先端向外翻卷;内部花被片卵形,具有较浓的紫晕,基部具爪;雄蕊 7,具退化雄蕊;雌蕊多数,离生。

花期早,初花期 12 月中旬,盛花期 12 月下旬至 1 月上旬,末花期 1 月中下旬。

（118）‘状元钟’（‘Zhuangyuan Zhong’）

花径 2.1～2.4 cm，倒挂钟型；中部花被片 8～9，黄色，椭圆形，长约 1.8 cm，宽约 0.7 cm，质感中等，先端钝圆，翻卷明显如钩状；内部花被片 8～9，长度为中被片的 3/4，深紫色，基部具爪，爪具紫晕及紫红边缘；雄蕊 5～8，黄色，具退化雄蕊；雌蕊多数，离生。

花期中等，初花期 1 月中旬，盛花期 2 月上旬，末花期 2 月中旬。

(119) '羽衣红心' ('Yuyi Hongxin')

花径 1.8～2.0 cm,碗型;花被片 16～18,质感薄而透明;中被片乳黄色,宽椭圆形,长约 1.5 cm,宽约 0.7 cm,先端钝圆,直伸,稍翻卷;内被片几乎满布紫红纹,基部具爪,爪常具红晕及紫红边缘;雄蕊 5～8,以 7 居多,白色,具退化雄蕊;雌蕊多数,离生。

花期中等,初花期 1 月上旬,盛花期 1 月下旬,末花期 2 月上旬。

(120)'晚霞'('Wanxia')

花冠杯型或碗型,花径 1.5～1.8 cm,高约 1.4 cm,香味淡;中部花被片 7,黄色,卵圆形,长 1.5 cm,宽 0.5～0.7 cm,顶端钝圆,翻卷;内部花被片 8,几乎满布鲜亮红色条纹;能育雄蕊 5 枚。

花期早,初花期 12 月中旬,盛花期 1 月中旬,末花期 1 月下旬。

(121) '玉彩'('Yucai')

花径 1.6～2.2 cm,碗型,花型较整齐;花被片数共 14～16,质感中等,直伸,顶端稍翻卷;中被片黄白色,宽椭圆形,长约 1.7 cm,宽约 0.5 cm,先端钝,稍反曲;内被片布浅紫色纹,基部具爪,爪上微带红晕。雄蕊 5～8,黄白色,具退化雄蕊;雌蕊多数,离生。

花期中等,初花期 12 月中旬,盛花期 1月上旬,末花期 2 月上旬。

(122)'孝陵'('Xiaoling')

花径 1.5~1.8 cm,花高约 1.2 cm。中部花被片 6~8,暗淡黄色,细长条状,长 0.9~1.2 cm,宽约 0.3 cm,先端钝尖;内部花被片 8,紫红色,基部具爪,爪浅黄色带红晕,爪的中上部两侧具红边。雄蕊 5~8,黄白色,具退化雄蕊;雌蕊多数,离生。

花期晚,初花期 1 月中下旬,盛花期 2 中旬,末花期 3 月下旬。

(123)'碗粉'('Wanfen')

花径 1.2～1.5 cm,高约 1.3 cm,碗型;花香淡;中部花被片 6～7,浅黄色,匙状卵圆形,长约 1.3 cm,宽约 0.5 cm,先端钝;内部花被片 9,4 大 5 小,5 小者排列整齐似碗状,深紫色条纹较多且集中在中上部,基部具爪,爪浅黄色,有时上部两侧具红纹;雄蕊 5～6,具退化雄蕊;雌蕊多数,离生。

花期早,通常开花时间较短,初花期 11 月,盛花期 11 月至 12 月,末花期 1 月。

（124）'玲珑'（'Linglong'）

花冠斜展，花径 1.0～1.2 cm，高约 1.2 cm，花香极淡；中部花被片 6，浅黄色，质感较薄，长卵状披针形，长1.0～1.3 cm，宽 0.4 cm，顶端渐尖，内曲；内部花被片 7～8，匙状卵形，全为紫红色，透明状，中部以上明显反曲；能育雄蕊 5～7。

花期晚，初花期 1 月中旬，盛花期2 月中旬，末花期 3 月。

（125）'狗牙'（'Gouya'）

花径 1.0～1.2 cm,花高约 1.2 cm;花香极淡;中部花被片 6,浅黄色,长卵状披针形,长 1.0～1.3 cm,宽 0.4 cm,先端渐尖,内曲;内部花被片 7～8,全为紫红色,中部以上反曲,先端尖,内曲;基部具爪,爪浅黄色具红晕,中上部两侧具紫红边缘;雄蕊 5～7,黄白色;雌蕊多数,离生。

花期晚,初花期 1 月,盛花期 2 月中旬,末花期 3 月。

（126）'紫玉钻'（'Ziyu Zuan'）

花径1.5～1.7 cm,鸟爪状;花被片数共14～16,质感厚而略皱曲;中被片黄色,披针形,顶端渐尖,直伸,稍内扣,长约1.5 cm,宽约0.4 cm;内被片为深紫色,基部具爪,爪上有紫红晕;雄蕊白色,具退化雄蕊;雌蕊多数,离生。

花期较晚,初花期1月下旬,盛花期2月中旬,末花期3月上旬。

(127)'晚花'('Wanhua')

花冠锥型至盘型,花径 1.8～2.4 cm,高约 1.5 cm;中部花被片7～8,金黄色,椭圆状披针形,长1.4～1.9 cm,宽 0.4～0.5 cm,顶端钝尖,斜展;内部花被片 8～9,卵形,满布或几乎满布深紫红色条纹,顶端钝圆,基部具爪,爪上具紫红纹;能育雄蕊 5～8,5 居多。

花期晚,初花期 1 月,盛花期 2月,末花期 3 月。

(128) '一品晚黄'('Yipin Wanhuang')

花径 1.8～2.5 cm,花高 1.0～1.2 cm,盘型;有清香;中部花被片 6～8,蜡黄色,窄披针形,长 1.3～1.7 cm,宽 0.3～0.5 cm,先端渐尖;内部花被片 8,满布深紫红条纹,基部具爪,爪红色;雄蕊 5～6,黄白色,具退化雄蕊;雌蕊多数,离生。

花期较晚,初花期 1 月至 2 月,盛花期 2 月,末花期 3 月。

(129)'火焰'('Huoyan')

花径 1.9～2.1 cm,花高 1.3～1.5 cm,盘型,花型凌乱;中、内部花被片数共 16～18,质感薄;中被片宽披针形,黄色,长约 1.9 cm,宽约 0.6 cm,先端急尖,稍斜展;内被片布满紫红纹,基部具爪,爪黄色,具红晕及紫红边缘;雄蕊 5,白色,具退化雄蕊;雌蕊多数,离生。

花期中等,初花期 1 月上旬,盛花期 1 月下旬,末花期 2 月下旬。

（130）'墨云'（'Moyun'）

花冠碗型,花径 1.8～2.0 cm。中部花被片 9,浅灰黄色,具黑褐色晕,匙状椭圆形,长 0.8～1.1 cm,宽 0.4～0.6 cm,先端钝圆,微内曲;内部花被片 9,具黑褐色晕或条纹,或边缘黑褐色;雄蕊 5～7,黑褐色,具退化雄蕊。

花期中等,初花期 12 月下旬,盛花期 1 月下旬,末花期 2 月中旬。

(131)‘二品竹衣’(‘Erpin Zhuyi’)

花径 2.5～2.8 cm,花中等大小;中部花被片 9,金黄色,长约 1.5 cm,宽约 0.6 cm,先端尖,中部较宽;内部花被片 9,3 枚大型,基部至中部为紫红色,其余全为紫色条纹。雄蕊 5～6,黄白色,具退化雄蕊;雌蕊多数,离生。

花期中等,初花期 11 月末,盛花期 12 月下旬至 1 月上旬,末花期 2 月上中旬。

(132)'金云蔽日'('Jinyun Biri')

花径 2.2～2.7 cm, 花高 1.6～
2.0 cm, 碗型; 中部花被片 9, 金黄色, 椭圆
形, 长约 1.5 cm, 宽约 0.6 cm, 边缘波皱,
先端钝圆, 稍反曲; 内部花被片 9, 卵形, 先
端钝尖, 底部具深紫色纹, 基部具爪, 爪两
侧具紫黑边缘; 雄蕊 5～8, 具退化雄蕊; 雌
蕊多数, 离生。

花期中等, 初花期 12 月, 盛花期 1 月
上中旬, 末花期 2 月。

(133) '出水芙蓉'('Chushui Furong')

花径 1.9～2.2 cm,花高 1.3～1.5 cm,碗型,花型整齐;中部花被片 8～10,金黄色,椭圆形,长约 1.8 cm,宽约 0.5 cm,质感较厚,先端钝圆,斜展;内部花被片 9,布满深紫红晕及条纹,基部具爪,爪黄色,具红晕及紫红边缘;雄蕊 5,白色,具退化雄蕊;雌蕊多数,离生。

花期中等,初花期 1 月下旬,盛花期 2 月上旬,末花期 2 月下旬。

(134)'金紫峰'('Jinzifeng')

花冠碗型,花径 1.8～2.5,高 1.3～1.5 cm,香味中等;中部花被片 8,黄色,椭圆形,长 1.3～1.6 cm,宽 0.4～0.5 cm,顶端钝圆,直伸;内部花被片 9,满布紫纹,到爪;能育雄蕊 5 枚。

花期早,初花期 12 月下旬,盛花期 1 月中旬,末花期 1 月下旬。

(135)'晚紫'('Wanzi')

花冠锥型,花径 1.5～2.2 cm,高 1.4～1.5 cm;香气较浓;中部花被片 7～8,蜡黄色,长椭圆形,长 1.3～1.7 cm,宽 0.5～0.6 cm,顶端钝尖,向外斜展;内部花被片 8～9,几乎满布深紫红色条纹或紫斑;能育雄蕊 5～8,6 居多。

花期晚,初花期 1 月下旬,盛花期 2 月中下旬,末花期 3 月。

（136）'犹抱琵琶'('Youbao Pipa')

花径 1.8～2.1 cm，花高约 1.8 cm，钟型；花香浓郁；中部花被片 7～8，长 1.8～1.9 cm，宽 0.9～1.0 cm，杏黄色，长卵状披针形，先端钝圆，内轮中被片中间具浅紫红色纵条纹，先端稍外翻；内部花被片约为 8，内扣或先端外翻，长卵形，满布紫红色纵条纹，边缘颜色较深，具爪，爪上具红晕，边缘紫红色；雄蕊约 5，黄白色，具退化雄蕊；雌蕊多数，离生。

花期中等，初花期 1 月上旬，盛花期 1 月下旬，末花期 2 月下旬。

(137) '金龙紫穴'('Jinlong Zixue')

花径 1.5～2.3 cm,碗型,花型紧凑较整齐;中部花被片 8～10,浅黄色,质感中等,椭圆形,长约 1.8 cm,宽约 0.8 cm,直伸或稍斜伸,先端钝尖,翻而不卷;内部花被片 8～9,具不明显浅紫色晕;雄蕊 5～6,黄白色,具退化雄蕊;雌蕊多数,离生。

花期中等,初花期 1 月上旬,盛花期 2 月中旬,末花期 2 月下旬。

（138）'尖被'（'Jianbei'）

花径 1.8～2.4 cm，平盘型，花型整齐；花被片数共 14～16，质感中等，斜展几近水平，分隔明显；中被片浅金黄色，长披针形，顶端渐尖，长约 1.4 cm，宽约 0.3 cm；内被片全部为深紫色；雄蕊 5～6 枚，黄白色；雌蕊多数，离生。

花期中等，初花期 12 月上旬，盛花期 1 月中旬，末花期 2 月上旬。

(139)'砚池霞衣'('Yanchi Xiayi')

花径 1.7～2.0 cm,花高约 1.1 cm,盘型。中部花被片 6～7,暗淡黄色,椭圆状披针形,长1.0～1.3 cm,宽 0.3～0.4 cm,先端渐尖;内部花被片 9,近紫黑色,先端钝尖,反曲,基部具爪,爪近紫黑色;雄蕊 5,具退化雄蕊;雌蕊多数,离生。

花期晚,初花期 1 月中旬,盛花期 2 月上中旬,末花期 3 月。

(140) '奇艳'('Qiyan')

花冠钟型,花径 1.6～1.8 cm,高约 1.4 cm,香味中等;中部花被片 7～9,浅黄色,椭圆形,顶端钝圆,多斜展,长 1.2～1.4 cm,宽约 0.4 cm;内部花被片 8,长卵形,顶端钝尖,直伸,紫红色,爪紫红色;能育雄蕊 5～6 枚。

花期中等,初花期 12 月下旬,盛花期 1 月中旬,末花期 2 月上旬。

(141) '银紫'('Yinzi')

花径 1.0～1.3 cm,花高 1.4 cm,圆锥型,花型较整齐;中部花被片 9,近白色,椭圆状披针形,长约 1.4 cm,宽约 0.3 cm,直伸,先端锐尖;内部花被片 7,长卵形,满布浓紫纹,基部具爪,爪紫红色。雄蕊 5～6 枚,白色,具退化雄蕊;雌蕊多数,离生。

花期较早,初花期 11 月,盛花期 12 月,末花期 1 月。

(142)'旋舞独步'('Xuanwu Dubu')

花枝着花中等,香气中等;花冠锥型至碗型,花径 1.2～1.5 cm,高 0.9～1.1 cm;中被片 6～8,浅黄色,椭圆形,长约 1.3 cm,宽 0.3～0.4 cm,直伸,花冠螺旋状展开,花被片两侧边缘向中心内折,先端钝尖,边缘平展稍波皱;内被片 8,卵形,先端钝圆,小的内被片直伸,大的内被片稍外翻,紫红色纹集中在中下部及边缘,紫色到爪;雄蕊 5。

花期早,初花期 11 月中旬,盛花期 12 月中旬,末花期 1 月上旬。

(143) '玉波紫霞'('Yubo Zixia')

花冠碗型,花径1.5~2.5 cm,高约1.7 cm,香味中等;中部花被片8~10,质感较厚,宽椭圆形,长约1.7 cm,宽约0.7 cm,边缘波皱,顶端钝圆,直伸;内部花被片8~9,卵形,布满紫红色晕和条纹,顶端钝圆,基部具爪,爪上有紫红边缘和稀疏紫纹;能育雄蕊5枚。

花期早,初花期12月下旬,盛花期12月中下旬,末花期1月。

(144)'冰凌还笑'('Bingling Huanxiao')

花枝着花较稀疏,香气中等;花冠锥型,花径1.5~1.7 cm,高1.5~1.6 cm;中被片7~8,近白色,椭圆形,长约1.5 cm,宽约0.5 cm,直伸,先端锐尖,边缘平展;内被片8,卵形,先端钝圆,直伸,紫红色纹集中在中下部,紫色到爪;雄蕊5。

花期早,初花期11月中旬,盛花期12月中旬,末花期1月上旬。

(145)'黄龙潭'('Huanglongtan')

花径 1.0～1.5 cm,碗型。中部花被片 8,黄白色,长椭圆形,长 1.1～1.2 cm,宽 0.5 cm,先端钝圆,反曲;内部花被片 8,布满深紫色至黑色条纹,基部具爪,爪紫黑色;雄蕊 6,黄色,具退化雄蕊;雌蕊多数,离生。

花期中等,初花期 12 月,盛花期 1 月,末花期 2 月下旬。

（146）'小径浓内'（'Xiaojing Nongnei'）

花枝着花很密，香气浓郁；花冠锥型，花径1.2～1.3 cm，高0.9～1.0 cm；中被片7，黄白色，椭圆形，长约1.2 cm，宽约0.5 cm，直伸，先端钝尖，边缘平展；内被片9，卵形，先端稍外翻，钝圆，花被边缘平展，黑紫色纹满布于内被片，紫色到爪；雄蕊6。

花期中等，初花期12月下旬，盛花期1月中旬，末花期2月上旬。

（147）'廖瓣怡然'（'Liaoban Yiran'）

花枝着花较稀疏,香气中等;花冠爪型,花径 1.3～1.5 cm,高 1.0～1.2 cm;中被片 5,浅黄色,窄披针形,长约 1.3 cm,宽 0.3～0.4 cm,斜展,花被片两侧边缘向中心内折,先端钝尖,边缘平展;内被片 8,卵形,先端钝圆,直伸,紫红色纹集中在中下部及边缘,紫色到爪;雄蕊 6。

花期中等,初花期 12 月下旬,盛花期 1 月中旬,末花期 2 月上旬。

（148）'冰剑红锋'（'Bingjian Hongfeng'）

花径 1.6～2.2 cm，开展盘型，花型凌乱，花被片间隔大，花被片数共 14～16，质感中等；中被片披针形，顶端渐尖，斜展，长约1.6 cm，宽约 0.4 cm；内被片布满深紫色纹，基部具爪，爪具红晕；雄蕊 5～6，白色；雌蕊多数，离生。

花期中等，初花期 1 月上旬，盛花期 1 月中旬，末花期 2 月上旬。

(149) '雏鸟出巢'('Chuniao Chuchao')

黄白色,花径 1.5~2.5 cm,花高 1.5 cm,圆锥型,花型不整齐,花被片紧凑;中部花被片 7~9,暗黄白色,椭圆状披针形,长约 1.6 cm,宽约 0.6 cm,质感中等,先端急尖,直伸;内部花被片 9,几乎满布浓淡不均的紫红晕及斑纹,基部具爪,爪具红晕;雄蕊 5~8,白色,具退化雄蕊;雌蕊多数,离生。

花期中等,初花期 1 月上旬,盛花期 2 月上旬,末花期 2 月下旬。

（150）'玉树临风'（'Yushu Linfeng'）

花冠斜展，盘形或圆锥形，花径 1.7～
2.5 cm，高 1.5～1.7 cm；中部花被片 9～
10，初开时浅黄白色，盛开时近白色，长椭
圆形，长 1.2～1.6 cm，宽 0.4～0.6 cm，边
缘波皱，顶端钝尖，直伸或稍外翻；内部花
被片 9，卵形，顶端钝尖，外翻，满布紫红晕
及斑纹，基部具爪，爪上具红晕；能育雄蕊
5～6。

花期中等，初花期 12 月，盛花期 1 月
中旬，末花期 2 月。

(151) '淡妆绿蕾'('Danzhuang Lvlei')

花枝着花较稀疏,香气清香;花冠锥型,较为凌乱,花被片质感中等,花蕾绿色,花径 1.8~2.1 cm,高 1.9~2.1 cm;中被片 6~8,浅黄色,窄披针形,长 1.8~2.0 cm,宽约 0.4 cm,直伸,先端锐尖,边缘波皱;内被片 10,卵形,先端直伸,稍外翻,钝圆,花被片边缘平展,丝状紫红纹均匀分布于内被片上,爪两侧及基部具浅紫纹;雄蕊 6~7。

花期中等,初花期 1 月下旬,盛花期 2 月上旬,末花期 2 月下旬。

（152）'银宝灯'（'Yinbao Deng'）

花径 1.6～2.1 cm,花高 1.5 cm,花筒状钟型,花型较整齐;中部花被片 6～8,近白色,长椭圆形,长约 1.7 cm,宽约 0.6 cm,质感中等,直伸,先端钝圆,稍翻卷;内部花被片 9,布紫纹,基部具爪,爪白色具红晕。雄蕊 5～6 枚,白色,具退化雄蕊;雌蕊多数,离生。

花期中等,初花期 12 月上旬,盛花期 1 月上中旬,末花期 2 月。

(153)‘风情万种’(‘Fengqing Wanzhong’)

花径 1.3～1.5 cm,花高 1.4～1.5 cm,钟型或圆锥型;花香浓郁;中部花被片 5～6,长 1.5～1.6 cm,宽 0.4～0.5 cm,浅黄色,窄披针形,先端钝圆或锐尖,内轮中被片具紫红色纵条纹,先端外翻;内部花被片约为 7,阔卵形,满布紫红色纵条纹,边缘颜色较深,具爪,爪边缘紫红色;雄蕊约 5,黄白色,具退化雄蕊;雌蕊多数,离生。

花期中等,初花期 1 月上旬至 3 月上旬,盛花期 1 月下旬至 2 月上旬,末花期 2 月下旬至 3 月上旬。

参 考 文 献

［1］赵天榜. 中国蜡梅［M］. 郑州：河南科学技术出版社，1991.

［2］张若蕙，刘洪谔. 世界蜡梅［M］. 北京：中国科学技术出版社，1998.

［3］王菲彬. 蜡梅切花品种的选择与栽培技术初探［D］. 南京：南京林业大学，2004.

［4］程红梅. 南京地区蜡梅品种资源调查研究［D］. 南京：南京林业大学，2005.

［5］杜灵娟. 南京地区蜡梅品种 RAPD 标记和分类研究［D］. 南京：南京林业大学，2006.

［6］孙钦花. 南京地区蜡梅品种资源调查及分类研究［D］. 南京：南京林业大学，2007.

［7］张昕欣. 蜡梅品种抗寒性研究［D］. 南京：南京林业大学，2008.

［8］向其柏，臧德奎，孙卫邦. 国际栽培植物命名法规［M］. 北京：中国林业出版社，2006.

［9］陈俊愉. 二元分类——中国花卉品种分类新体系［J］. 北京林业大学学报，1998，20（2）：5-9.

［10］明军，明刘斌. 蜡梅科植物种质资源研究进展［J］. 北京林业大学学报，2004（S1）：128-135.

［11］金建平，赵敏，兰涛，等. 我国蜡梅属植物分类及种质资源研究［J］. 北京林业大学学报，1992，14（增 4）：112-118.

［12］陈龙清. 蜡梅属的物种生物学研究［D］. 北京：北京林业大学，1998.

［13］赵冰，张启翔. 中国蜡梅种质资源研究进展［J］. 西北林学院学报，2007，22（4）：57-61.

［14］金建平，赵敏. 我国蜡梅野生资源的分布及品种分类的探讨［J］. 北京林业大学学报，1992，14（增 4）：119-122.

［15］李烨，李秉滔. 蜡梅科植物的分支分析［J］. 热带亚热带植物学报，2000，8（4）：275-281.

［16］吴昌陆，陈卫元，杜庆平. 蜡梅枝芽特性的研究［J］. 园艺学报，1999，26（1）：39-44.

［17］张若蕙，刘洪谔，沈锡廉，等. 八种蜡梅的繁殖［J］. 浙江林业科技，1994，14（1）：1-7.

［18］戴丰瑞，谢青芳，冯建灿，等. 蜡梅开花结实习性研究［J］. 北京林业大学学报，1999，21（2）：130-132.

［19］吴建忠. 蜡梅的种子繁殖和实生选择［J］. 中国园林，1990，6（4）：27-29.

［20］梁华，李玉石，徐岱月. 蜡梅夏季采种育苗的尝试［J］. 山东林业科技，1999，（6）：40.

［21］焦书道，于水中. 蜡梅快速繁殖技术研究［J］. 北京林业大学学报，1995，17（增 1）：168-17.

［22］胡宜先，潘佑找，刘孝石. 蜡梅枝芽特性及扦插繁殖试验［J］. 长江大学学报（自科版），2005，2（8）：28-32.

［23］曾申军. 蜡梅快速繁育技术［J］. 安徽农学通报，2006，12（7）：78.

［24］宋品玉，方国明. 蜡梅及其应用价值和栽培技术［J］. 浙江大学学报，1999，25（6）：657-660.

[25] 吴建忠. 蜡梅的砧木替代和整形修剪[J]. 中国园林,1996,12(2):52-53.

[26] 曹洪霞. 腊梅的栽培与观赏[J]. 安徽农学通报,2004,10(2):55-77.

[27] 胡根长. 浙江蜡梅大苗移栽技术研究[J]. 浙江林业科技,2001,21(1):31-33.

[28] 吴建忠. 蜡梅的生物学特性和新品种选育[J]. 北京林业大学学报,1992(S4):107-111.

[29] 王支槐. 蜡梅开花过程中的生理变化[J]. 西南师范大学学报(自然科学版),1994,19(6):646-650.

[30] 盛爱武,郭维明. 不同预处液及贮藏方式对蜡梅切花瓶插品质的影响[J]. 仲恺农业技术学院学报,2000,13(1):1-4.

[31] 章永萍,章先禄. 蜡梅盆景的制作与管理[J]. 上海农业科技,2003(1):91-92.

[32] 孙彦. 蜡梅在园林中的应用[J]. 河南林业科技,2006,26(1):54-56.

[33] 赵冰,张启翔. 中国蜡梅品种资源在园林中的应用初探[J]. 北方园艺,2007(2):64-66.

[34] 刘龙昌,向其柏. 桂花品种数量分类研究[J]. 福建林学院学报,2004,24(3):233-236.

[35] 冯菊恩,陈映琦. 苏州蜡梅的调查[J]. 上海农业科技,1986(6):3-4.

[36] 张灵南,沈雪华. 蜡梅品种类型的花部性状编码鉴别法[J]. 上海农业科技,1988(1):7-8.

[37] 陈志秀,丁宝章,赵天榜,等. 河南蜡梅属植物的研究[J]. 河南农业大学学报,1987(04):413-426.

[38] 陈志秀. 蜡梅17个品种过氧化物同工酶的研究[J]. 植物研究,1995(03):403-411.

[39] 张忠义,赵天榜. 鄢陵素心蜡梅类品种的模糊聚类研究[J]. 湖南农业大学学报,1990,24(3):310-317.

[40] 姚崇怀,王彩云. 蜡梅品种分类的三个基本问题[J]. 北京林业大学学报,1995,17(1):164-167.

[41] 陈志秀. 中国蜡梅属植物过氧化物同工酶的研究[J]. 生物数学学报,1994(4):169-175.

[42] 陈龙清,鲁涤非. 蜡梅品种分类研究及武汉地区蜡梅品种调查[J]. 北京林业大学学报,1995,17(S1):103-107.

[43] 陈龙清,赵凯歌,周明芹. 蜡梅品种分类体系探讨[J]. 北京林业大学学报,2004,26(增1):88-90.

[44] 刘雪兰,宫庆华,赵兴发,等. 浅谈南京地区蜡梅分类和栽培应用[J]. 南京园林,2003:67-68.

[45] 赵凯歌,虞江晋芳,陈龙清. 蜡梅品种的数量分类和主成分分析[J]. 北京林业大学学报,2004,26(S):79-83.

[46] 赵冰,雒新艳,张启翔. 蜡梅品种的数量分类研究[J]. 园艺学报,2007,34(4):947-954.

[47] 张文科. 鄢陵蜡梅纵谈[J]. 北京林业大学学报,2007,29:146-149.

[48] 王晓宇. 花中十友和十诗[J]. 绿化与生活,1999(6):22.

[49] 马勋. 蜡梅[J]. 中国花卉园艺,2003(4):39.

[50] 周武忠. 中国花卉文化[M]. 广州:花城出版社,1992:113-228.

[51] 宋品玉,方国明. 蜡梅及其应用价值和栽培技术[J]. 浙江大学学报(农业与生命科学版),1999,25(6):657-660.

[52] 王建军. 蜡梅习性及园林应用[J]. 林业实用技术,2003(2):43.

[53] 冯菊恩. 蜡梅与苏州园林[J]. 上海农业科技,1998(1):9.

[54] 徐晓霞,姜卫兵,翁忙玲. 蜡梅的文化内涵及园林应用[J]. 中国农学通报,2007,23 (12):294-298.

[55] Clifford H T,Stephenson W. An introduction to numerical classification[M]. New York:Academic Press,1975.

[56] Chen H H,Li P H. Potato cold acclimation[M]// Li P H,Sakai A. Plant cold hardiness and freezing stress. New York:Academic Press,1982:5-22.

[57] Creech J L. Asian natives for American landscapes:two Japanese camellias[J]. American Nurseryman,1984,160(12):70.

[58] Parfitt D. Pistachio cultivars and prospects for improvement[J]. Annual report—Northern Nut Grower's Association,1990,12(1):58-61.

[59] Dirr M A. Fragrant wintersweet adds to southern gardens(Chimonanthus praecox,Georgia)[J]. American Nurseryman,1981,154(8):9.

蜡梅品种名索引

B

'白被醉心'（'Baibei Zuixin'）　169

'白碧'（'Baibi'）　110

'白龙爪'（'Bai Longzhua'）　107

'宝莲灯'（'Baoliandeng'）　176

'冰剑红锋'（'Bingjian Hongfeng'）　217

'冰凌还笑'（'Bingling Huanxiao'）　213

'冰紫纹'（'Bing Ziwen'）　157

'冰焰'（'Bingyan'）　159

'冰玉'（'Bingyu'）　111

C

'长被素心'（'Changbei Suxin'）　68

'长瓣银盏'（'Changban Yinzhan'）　88

'长红水袖'（'Changhong Shuixiu'）　180

'成都'（'Chengdu'）　148

'出水芙蓉'（'Chushui Furong'）　202

'雏鸟出巢'（'Chuniao Chuchao'）　218

'翠云'（'Cuiyun'）　114

D

'大花素心'（'Dahua Suxin'）　87

'淡妆绿蕾'（'Danzhuang Lvlei'）　220

'淡妆黄颜'（'Danzhuang Huangyan'）　128

'倒挂金钟'（'Daogua Jinzhong'）　98

E

'鹅黄红丝'（'Ehuang Hongsi'）　120

'鹅黄霞冠'（'Ehuang Xiaguan'）　138

'二品竹衣'（'Erpin Zhuyi'）　200

F

'飞碟'（'Feidie'）　101

'飞黄'（'Feihuang'）　132

'飞帘'（'Feilian'）　142

'飞燕'（'Feiyan'）　181

'粉红佳人'（'Fenhong Jiaren'）　140

'粉面含春'（'Fenmian Hanchun'）　137

'凤飞舞'（'Feng Feiwu'）　69

'风情万种'（'Fengqing Wanzhong'）　222

'麸金'（'Fujin'）　125

G

'狗牙'（'Gouya'）　194

'光辉'（'Guanghui'）　92

'贵妃醉酒'（'Guifei Zuijiu'）　151

H

'红拂'（'Hongfu'）　146

'红霞'（'Hongxia'）　127

'红心兔耳'（'Hongxin Tuer'）　184

'琥珀'（'Hupo'）　93

'琥珀霞痕'（'Hupo Xiahen'）　136

'黄斑'（'Huangban'）　123

'皇冠'（'Huangguan'）　102

'皇后'（'Huanghou'）　100

'黄灯笼'（'Huangdenglong'）　122

'黄龙潭'（'Huanglongtan'）　214

'火焰'（'Huoyan'）　198

'黄莺出谷'('Huangying Chugu')　131

'黄玉球'('Huang Yuqiu')　81

'黄玉碗'('Huangyuwan')　79

J

'嫁衣'('Jiayi')　145

'娇莺'('Jiaoying')　94

'尖被'('Jianbei')　207

'剪波素心'('Jianbo Suxin')　89

'剑紫'('Jianzi')　177

'江南白'('Jiangnan Bai')　112

'江南丽人'('Jiangnan Liren')　156

'娇容'('Jiaorong')　133

'金杯'('Jinbei')　72

'金蓓'('Jinbei')　80

'金蓓含心'('Jinbei Hanxin')　141

'金蝶'('Jindie')　71

'金晃'('Jinhuang')　86

'金剑舟'('Jinjian Zhou')　179

'金莲花'('Jin Lianhua')　105

'金铃红晕'('Jinling Hongyun')　116

'金龙紫穴'('Jinlong Zixue')　206

'金龙探爪'('Jinlong Tanzhua')　178

'金缕罗裙'('Jinlv Luoqun')　91

'金满楼'('Jinmanlou')　103

'金磬口'('Jinqingkou')　78

'金绣球'('Jinxiuqiu')　74

'金碗素心'('Jinwan Suxin')　70

'金颜帘卷'('Jinyan Lianjuan')　82

'金玉红妆'('Jinyu Hongzhuang')　150

'金云蔽日'('Jinyun Biri')　201

'金紫峰'('Jinzifeng')　203

'金盏花'('Jinzhanhua')　126

'金钟黄'('Jinzhong Huang')　96

'金钟磬'('Jinzhong Qing')　77

'金珠'('Jinzhu')　75

'卷被素心'('Juanbei Suxin')　84

'卷云'('Juanyun')　119

L

'廖瓣怡然'('Liaoban Yiran')　216

'玲珑'('Linglong')　193

'绿花'('Lvhua')　113

'绿蕾'('Lvlei')　165

'绿影霞光'('Lvying Xiaguang')　164

M

'玛瑙'('Manao')　158

'梅花妆'('Meihua Zhuang')　155

'眉锁金秋'('Meisuo Jinqiu')　182

'墨红'('Mohong')　186

'墨迹'('Moji')　172

'墨云'('Moyun')　199

'暮霞'('Muxia')　174

N

'南京磬口'('Nanjing Qingkou')　170

'凝眉依栏'('Ningmei Yilan')　135

P

'皮娃娃'('Pi Wawa')　129

Q

'奇艳'('Qiyan')　209

'轻舞飞扬'('Qingwu Feiyang')　134

'轻舞红娘'('Qingwu Hongniang')　168

'磬心如梦'('Qingxin Rumeng')　118

'轻扬'('Qingyang')　183

S

'腮红'('Saihong')　160

'少被'('Shaobei')　173

'丝红淡玉'('Sihong Danyu')　152

'素衣淡妆'('Suyi Danzhuang')　161

'素玉碗'('Suyu Wan')　104

W

'晚花'('Wanhua')　196

'碗粉'('Wanfen')　192

'晚素'('Wansu')　95

'晚霞'('Wanxia')　189

'晚紫'('Wanzi')　204

X

'霞光'('Xiaguang')　143

'霞痕绿影'('Xiahen Lvying')　166

'霞映金杯'('Xiaying Jinbei')　117

'象牙红丝'('Xiangya Hongsi')　139

'小花'('Xiaohua')　171

'小花翡翠'('Xiaohua Feicui')　90

'小花雀舌'('Xiaohua Queshe')　99

'小家碧玉'('Xiaojia Biyu')　130

'小径浓内'('Xiaojing Nongnei')　215

'小磬口'('Xiaoqingkou')　76

'孝陵'('Xiaoling')　191

'笑靥'('Xiaoye')　175

'旋舞独步'('Xuanwu Dubu')　211

Y

'胭脂'('Yanzhi')　121

'砚池霞衣'('Yanchi Xiayi')　208

'阳光'('Yangguang')　73

'扬州黄'('Yangzhou Huang')　97

'瑶池仙子'('Yaochi Xianzi')　185

'一品晚黄'('Yipin Wanhuang')　197

'银宝灯'('Yinbao Deng')　221

'银红'('Yinhong')　153

'银盘素心'('Yinpan Suxin')　85

'银紫'('Yinzi')　210

'犹抱琵琶'('Youbao Pipa')　205

'羽衣红心'('Yuyi Hongxin')　188

'玉冰凌'('Yubingling')　106

'玉波紫霞'('Yubo Zixia')　212

'玉彩'('Yucai')　190

'玉壶冰心'('Yuhu Bingxin')　108

'玉娇容'('Yu Jiaorong')　147

'玉帘'('Yulian')　109

'玉玲珑'('Yulinglong')　154

'玉盘红润'('Yupan Hongrun')　163

'玉树临风'('Yushu Linfeng')　219

'玉碗藏红'('Yuwan Canghong')　149

'晕心波绉'('Yunxin Bozhou')　162

Z

'早蜡'('Zaola')　83

'朝霞'('Zhaoxia')　144

'状元钟'('Zhuangyuan Zhong')　187

'紫玉钻'('Ziyu Zuan')　195

'醉云'('Zuiyun')　124

致　谢

本书以图志形式记载了笔者课题组所研究的蜡梅品种，所涉及的地域广阔、品种众多，是课题组多年来的成果总结。在研究过程中，得到了有关单位和科技界同仁的鼎力相助。在此将他们一一列出，以表示由衷的感谢。

在蜡梅品种研究及本书编著过程中，得到已故启蒙老师陈俊愉先生的指导，在此成书之际，对恩师致以诚挚的感谢和怀念。南京林业大学汤庚国教授给予全方位的帮助和指导，中国花卉协会梅花蜡梅分会的多位专家学者如张启翔、包满珠、陈龙清、刘青林、许联英、张文科等提出了宝贵意见，在此深表感谢。

感谢给予支持的单位：南京中山陵园管理局，南京市绿化园林局，南京中山植物园，杭州植物园，上海植物园，北京植物园，无锡梅园，武汉东湖梅园，合肥植物园，昆明黑龙潭公园。

感谢研究中不断给予指导和帮助的科技界同仁：南京林业大学向其柏教授，刘玉莲教授，徐雁南教授；中山植物园吴建中研究员；河南农业大学赵天榜教授；南京农业大学郝日明教授；苏州市园林和绿化管理局韩立波、陈骅处长；苏州市园林和绿化管理局拙政园祝燕主任；无锡市市政和园林局公园处王文姬处长；扬州市园林管理局赵御龙副局长。

另外，感谢蜡梅研究团队的研究生为完成本书的编写，在寒冬腊月、蜡梅盛开的季节，调查收集整理资料，他们是王菲彬、程红梅、杜灵娟、孙钦花、张昕欣、熊钢、郑忠明、杨艳容、任勤红、李娜、谢贵霞、杨艳容、周莹、荣娟、王建梅、王森博、程振、余炻、朱琳、孙姿、刘小星、李小茹、柏小娟等，以及后期为本书正式出版进行内容梳理校正的梁同江、马妮娜、刘俊、王冠、胡阔雷、戴蒙、侯继萍、唐桂兰、朱磊、夏雯、景蕾、朱琰、毛恋、江海燕、花壮壮、周贝宁、方静等。

本书的出版，南京林业大学和风景园林学院的领导始终给予大力支持和鼓励。

再次对上述领导、专家、学者、朋友及其所在单位表示深深的感谢！